Ane Carrilho

Beziehung zwischen Streubestand und Bodenkohlenstoff

AF144326

Ane Carrilho

Beziehung zwischen Streubestand und Bodenkohlenstoff

Analysen des gesamten organischen Kohlenstoffs und ethnobotanische Tests in Faxinal-Systemen

ScienciaScripts

Imprint

Any brand names and product names mentioned in this book are subject to trademark, brand or patent protection and are trademarks or registered trademarks of their respective holders. The use of brand names, product names, common names, trade names, product descriptions etc. even without a particular marking in this work is in no way to be construed to mean that such names may be regarded as unrestricted in respect of trademark and brand protection legislation and could thus be used by anyone.

Cover image: www.ingimage.com

This book is a translation from the original published under ISBN 978-620-2-04322-9.

Publisher:
Sciencia Scripts
is a trademark of
Dodo Books Indian Ocean Ltd. and OmniScriptum S.R.L publishing group

120 High Road, East Finchley, London, N2 9ED, United Kingdom
Str. Armeneasca 28/1, office 1, Chisinau MD-2012, Republic of Moldova, Europe
Printed at: see last page
ISBN: 978-620-7-24429-4

ZUSAMMENFASSUNG

"Die gesamte Natur ist eine göttliche Harmonie, eine wunderbare Symphonie, die alle Geschöpfe einlädt, sie in ihrer Entwicklung und ihrem Fortschritt zu begleiten.

(Tsai Chih Chung).

DANKSAGUNGEN

Erstens den göttlichen Kräften, denn sie haben mich durch ihren Glauben motiviert, niemals aufzugeben, meine Ängste zu überwinden und zu glauben, dass alles möglich ist.

Ich möchte mich bei meiner Familie bedanken, die mein Fundament angesichts der Schwierigkeiten ist. Meinem Vater Ariel, der mich immer motiviert und ermutigt hat; danke für deine Hilfe während meines gesamten Lebens. Meiner lieben Mutter, für ihre Gebete, Unterstützung und Zuneigung.

Meiner Liebe Rodrigo, meinem Lebenspartner, für all seine Hilfe, einem aktiven Mitarbeiter in meiner Forschung, meiner rechten Hand auf dem Gebiet, meiner akademischen Hilfe, meinem Fundament im Leben. Er hat mich auf Schritt und Tritt begleitet, und diese Forschungsarbeit ist in jedem Ergebnis von seinem großen Einsatz und Engagement geprägt.

Ich möchte meinem Doktorvater, Professor Edivaldo, für seine Anleitung, für die Eröffnung meines Forschungshorizonts, für seinen Rat und für seine Freundschaft danken.

Meinen Freunden gilt mein Dank Karol Obal, der mich seit Beginn meines Masterstudiums begleitet und in guten wie in schlechten Zeiten zur Stelle ist. Dank an Jéssica Borodiak und

Für seine Hilfe im Labor mit den Proben, für seine Ermutigung und Freundschaft. Meinem Freund Adalberto Pereira für seine akademischen Tipps, dafür, dass er mich als Lehrkraft akzeptiert hat, für die Lektionen, die ich im Feld und im Labor gelernt habe. An die Freunde in meiner Klasse, liebe Menschen, die mich aufgenommen haben. Professor Valdemir Antonelli für das Vergnügen, Wissen im Klassenzimmer und im Feld zu teilen und auszutauschen. Ein großer Fachmann und Freund. Daniel R. Potma, der mir geholfen hat, die Untersuchung des Kohlenstoffs im Boden zu verstehen, für seine methodischen Tipps und Hinweise. Mein Dank geht an die Professoren für all das Lernen und die guten beruflichen Momente.

An Guarapuava, das mich für diese Etappe mit offenen Armen empfangen hat, an die geschlossenen Freundschaften und die besonderen Menschen, die ich kennen gelernt habe.

Ich möchte mich bei den Bewohnern von Faxinal Paraná Anta Gorda dafür bedanken, dass sie sich auf die Untersuchung eingelassen und an dem Dialog teilgenommen haben. Insbesondere möchte ich "Seu Pedro" für seine Hilfe vor Ort und für den Wissensaustausch danken. Jede Reise ins Feld

2

war durch den Wissensaustausch inspirierend.

Die Staatliche Universität des Zentrums-West, das Postgraduiertenprogramm in Geographie, für ihr Vertrauen.

Der Prüfungskommission für ihre Bereitschaft und berufliche Bereicherung. An alle, die in irgendeiner Weise anwesend waren und zur Verwirklichung dieser Arbeit beigetragen haben. Vielen Dank an alle.

ZUSAMMENFASSUNG

Das Vorhandensein von organischem Gesamtkohlenstoff (TOC) im Boden wirkt sich auf seine chemischen, physikalischen und biologischen Eigenschaften aus, so dass er für die Qualität und Erhaltung der Böden, insbesondere der tropischen, von Bedeutung ist. Es liegen nur wenige Informationen über die Auswirkungen und Faktoren der TOC-Kompartimente in Faxinais vor. Ziel dieser Studie war es, die Beziehung zwischen dem Bestand an Streu in den verschiedenen Nutzungen eines Faxinals und dessen Auswirkungen auf die Kohlenstoffkonzentration im Boden zu bewerten. Die Studie wurde im Faxinal Anta Gorda in der Gemeinde Prudentópolis in der Region Mitte-Süd von Paranà durchgeführt. Die Daten wurden durch das Sammeln von Streu in den Nutzungsklassen des Faxinal-Systems analysiert, mit Ausnahme der Weideklasse, die im Labor durch ihr Frischgewicht und ihr Trockengewicht bearbeitet wurde. Die ethnobotanische floristische Untersuchung wurde durchgeführt, um die Interpretation der Arten der Faxinals zu integrieren, die zum Prozess der Streuablagerung und -speicherung beitragen könnten. Was die Kohlenstoffkompartimente im Boden anbelangt, so wurden verformte Proben an zufälligen Punkten innerhalb von 5 Probenahmeeinheiten im Zuchtgebiet und einem externen Kontrollgebiet entnommen. Der Prozess der Ablagerung von organischem Material im Boden trägt zur Speicherung von organischem Material sowie zur Struktur und Qualität des Bodens bei. Der TOC-Gehalt unterscheidet sich nicht zwischen den Gebieten, die Varianz ist in den tieferen Gebieten, zwischen den Tiefen und zwischen den Nutzungen am größten. Der TOC nimmt linear mit der Tiefe ab, wobei die höchste Konzentration in den oberen Schichten in einer Tiefe von 0-10 cm liegt. Die Streuvariable erwies sich somit nicht als positiver Prädiktor für den Kohlenstoffvorrat im Boden. Die Speicherung von Kohlenstoff im Boden ist auf die Nutzungs- und Bewirtschaftungsverhältnisse im Faxinal-System zurückzuführen. Da der Oberboden nicht freigelegt wurde und keine Mechanisierung stattfand, führte dies zur Konservierung und Erhaltung von (TOC) im Laufe der Zeit.

Stichworte: Resilienz, Landschaft, Degradation

1 EINFÜHRUNG

Die Faxinais in der Region Zentrum-Süd von Paranà sind Überbleibsel einer traditionellen Lebensweise mit besonderen kulturellen Aspekten. Diese faxinale Lebensweise basiert auf agrosilvopastoralen Aktivitäten. Das Faxina-System zeichnet sich durch diese traditionelle Zugehörigkeit zum Wald aus, in dem materielle und immaterielle Praktiken entwickelt werden, die es in Bezug auf die Nutzung und Bewirtschaftung der natürlichen Ressourcen durch ökologisches Wissen, das "[...] lokal, kollektiv, diachron und ganzheitlich ist" (TOLEDO, 2002 apud TOLEDO; BARRERA-BASSOLS, 2009, S. 35), zu etwas Besonderem machen.

Chang (1988) unterscheidet auf einer objektiven Grundlage, wobei der Faxinal eine bestimmte Art von Vegetation ist und das Faxinal-System eine Form der wirtschaftlichen Organisation mit integriertem Einkommen und Nutzung des Waldes und der umliegenden Gebiete ist.

Der Begriff Faxinal wird in bestimmten Regionen von Paranà im Zusammenhang mit einer bestimmten Art von Vegetation verwendet, in der Araukarien, Mate-Gras, Imbuia, Zimt und andere Arten vorkommen. Das Faxinal-System wird mit der ländlichen Verteilung und Organisation in Verbindung gebracht, in diesem Sinne mit der gemeinschaftlichen Tierproduktion innerhalb des gemeinsamen Zuchtgebiets, der landwirtschaftlichen Produktion und, in einigen Faxinalen, dem Prozess der Gewinnung von Yerba Mate (NERONE, 2015, S. 77).

Diese Form der agropastoralen Organisation weist besondere und einzigartige Merkmale in Bezug auf die Landnutzung auf. Zunächst basierte die Wirtschaft auf drei Haupttätigkeiten: Viehzucht, Nahrungsmittelpolykultur und Gewinnung von Yerba Mate. Bei der Gestaltung der Landschaft wird das Ackerland für die Freilandhaltung von Tieren genutzt. Die Anbauflächen werden für den Anbau von Kulturpflanzen genutzt. Was die Organisation der Landnutzung innerhalb der Faxinais angeht, so ist das Land in zwei Bereiche unterteilt: Ackerland und Plantagenland (NERONE, 2015).

Im Laufe der Zeit hat sich jedoch die Struktur der Landschaften in einigen Gebieten der südlichen Zentralregion des Bundesstaates verändert, insbesondere durch die Einführung des Tabakanbaus in einigen Gemeinden, durch Aktivitäten wie Kiefern- und Eukalyptusplantagen und durch den Anbau von Getreide wie Soja.

Die *Araucaria angustifolia,* bekannt als Paranà-Kiefer, ist im Süden und Südosten des Landes verbreitet. Ihre Nutzung ist seit jeher mit der Ausbeutung und dem Einschlag des Holzes zur Herstellung verschiedener Produkte verbunden, abgesehen von der hauptsächlichen Verwendung als Nahrungsmittel, da ihre Samen, die Pinienkerne, ein Gewürz für die alteingesessenen Völker, wie die Ureinwohner der Region, sind. Der Reichtum des ombrophilen Mischwaldes ermöglicht es, die Bedeutung der Araukarie für die Erhaltung und die richtige Nutzung der natürlichen Ressourcen

5

des Waldes, seine Typologien und seine Verwendung in der heimischen Umwelt zu verstehen. In Wäldern ist der Nährstoffkreislauf von grundlegender Bedeutung für die Aufrechterhaltung der Struktur und des Funktionierens der Wälder, insbesondere für die Produktion und den Bestand der Streu. Verschiedene biotische und abiotische Faktoren wirken sich auf die Streuproduktion aus, wie z. B.: Höhenlage, Breitengrad, Relief, Laubbedeckung, Art der Vegetation, Sukzessionsstadien, hydratischer Faktor und Bodeneigenschaften. Diese Variabilität kann auftreten, weil jedes Ökosystem seine eigenen Besonderheiten hat und die Faktoren bestimmt, die zwischen diesen Gegebenheiten vorherrschen können.

Unter diesen Faktoren ist nach Bray und Gorham (1964) das Klima zweifellos der wichtigste. Nach Bray und Gorham (1964) sind hohe Temperaturen, eine längere Vegetationsperiode und mehr Sonnenlicht die wichtigsten klimatischen Faktoren für die Streuproduktion. Dieselben Autoren fügten hinzu, dass die Streu im Allgemeinen zu 60 bis 80 % aus Blättern, zu 1 bis 15 % aus Zweigen und zu 1 bis 25 % aus Rinde besteht (FIGUEIREDO FILHO, 2003).

Das Faxinalsystem befindet sich im Bundesstaat Paranà im Gebiet des gemischten ombrophilen Waldes. Das multidisziplinäre Interesse an dem Thema Faxinale ist bemerkenswert. Insbesondere die Geographie, die den menschlichen Bereich mit soziokulturellen und wirtschaftlichen Perspektiven durchdringt. Die physische Geografie untersucht die Interaktion zwischen Gesellschaft und Umwelt durch die Untersuchung von anthropogenen Prozessen wie Erosion, Bodendegradation, Sedimentdynamik, Streueintrag, Infiltration usw. (THOMAZ, 2011).

Wenn wir die Bedeutung der Landnutzung analysieren, fällt die Untersuchung der Boden-Wald-Beziehung unter die Überschrift des Verständnisses des Prozesses der Wirkung und Speicherung von organischem Kohlenstoff im Boden. Studien über die Dynamik des Kohlenstoffs in Böden im Rahmen von Bewirtschaftungssystemen und deren Auswirkungen auf die Umwelt haben in den letzten drei Jahrzehnten an Bedeutung gewonnen (GONÇALVES, 2014).

In dieser Studie wurde versucht, den Zusammenhang zwischen dem Bestand an Streu bei verschiedenen Nutzungen des Faxinal-Systems und dem Kohlenstoffgehalt des Bodens zu bewerten.

2. FAXSYSTEM, UMWELTDYNAMIK IN DER LANDSCHAFT

Die Faxinais von Paraná sind eine traditionelle Lebensweise und Nutzung der natürlichen Ressourcen in Paranà (NERONE et al., 2005). Die Praktiken der gemeinsamen Landnutzung werden auch an anderen Orten praktiziert, insbesondere in anderen Ländern wie Frankreich, Spanien, Italien, England, Ukraine, Polen, Deutschland, Angola, Kolumbien und Brasilien. In unserem Land sind Allmendeflächen mit kulturellen Fragen wie der Identität mit dem Territorium verbunden, mit volkstümlichen Klassifizierungen und eigenen Namen wie "Schwarzes Land", "Indianerland", "Heiligenland", "Loses Land", "Fundo de Pasto" und "Faxinais" (TAVARES, 2008).

Strukturell gesehen verliert das Faxinalsystem in den ländlichen Gebieten immer mehr an Bedeutung, vor allem in der Region Mitte-Süd des Bundesstaates, wo die Bezeichnung "Faxinal" in einigen Ortschaften häufiger vorkommt (NERONE, 2005). Was die Organisation des Faxinalsystems angeht, so besteht es aus drei Beziehungen, wie die folgende Abbildung zeigt:

Abbildung 1: Aufbau des Faxinalsystems

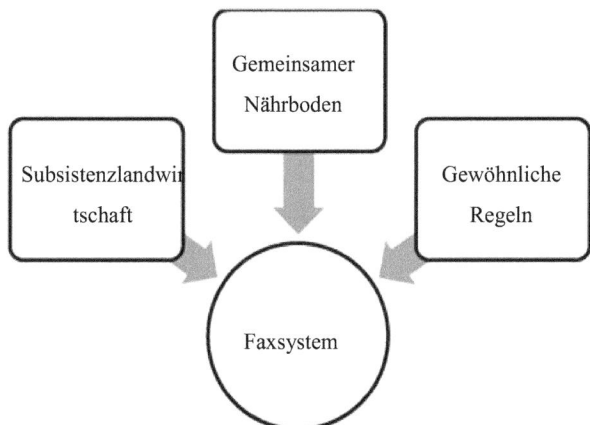

Quelle: NERONE (1999).

Obwohl die Rechte an den jeweiligen traditionellen Gebieten anerkannt werden, berücksichtigt die Gesetzgebung nicht die Komplexität der sozio-räumlichen Dynamik, die die traditionellen Gemeinschaften betrifft, da sie auf der Idee einer asynchronen Zeitlichkeit des Traditionalismus beruht, in der die Gemeinschaft von der umgebenden Gesellschaft abgekoppelt ist und sich weigert, die Idee und die Prozesse der Moderne zu akzeptieren.

Laut Floriani et al. (2011) versuchten die Faxinais seit den 1980er Jahren, sich den Erfordernissen der Marktlogik, dem Druck auf den Boden und dem Fehlen einer öffentlichen Politik für die lokale

Entwicklung anzupassen, die auf die sozioökologische Realität dieser Gebiete zugeschnitten ist, und veränderten ihre sozialräumliche Organisation. Diese Faktoren führen zu einem fortschreitenden Verlust der Agrobiodiversität, die das Ergebnis der koevolutionären Interaktionen zwischen diesen Gruppen und dem Ökosystem ist und in einem Korpus von traditionellem Wissen und Praktiken zusammengefasst ist.

Ausgehend von den Prozessen der (Re-)Territorialisierung, dieser sozio-räumlichen Identität auf "traditionelle" Weise, ist es möglich, die Organisationsform und Klassifizierung eines Faxinals nach Souza (2009) in vier Typologien zu charakterisieren, mit drei Faxinaltypen (Tabelle 1) "mit gemeinsamer Nutzung" und Klasse 4 "ohne gemeinsame Nutzung".

Tabelle 1: Klassifizierung von Faxinal-Typologien

KLASSIFIZIERUNG DER FAX-TYPOLOGIEN	
1 Offener Fugenbildner	Ihr spezifisches Territorium umfasst große Flächen (über 1.000 Hektar), die von "Hoch- und Tieflandbetrieben" frei zugänglich sind. In diesen Gebieten überwiegen die Urwälder, durch die die Betriebe zirkulieren und die nur durch das Vordringen von Eukalyptus- und Kiefernmonokulturen "behindert" werden.
2 Umzäunter gemeinsamer Züchter	Sie zeichnen sich durch die gemeinsame Nutzung der wesentlichen Ressourcen in "gemeinsamen Zuchten" unterschiedlichen Ausmaßes aus, in denen sich "Niederzuchten" (Ziegen, Schafe, Schweine und Hühner) und "Hochzuchten" (Rinder und Pferde) frei bewegen und die physisch durch Zäune der gemeinsamen Nutzung, "mata-burros", Tore, Gräben und Flüsse abgegrenzt sind.
3 Umzäunter gemeinsamer Züchter	Sie zeichnen sich durch "Einfriedung" aus, mit 4-Litzen-Drahtzäunen an den Grenzen einiger oder aller Grundstücke, die früher für die Nutzung durch den "gemeinen Landwirt" bestimmt waren. Nur das so genannte "große" oder "hohe" Vieh (Pferde, Kühe) überwiegt in der gemeinsamen Nutzung, das sich je nach den Bedingungen der einheimischen Weiden das ganze Jahr über für unterschiedliche Zeiträume auf den verfügbaren Gemeinschaftsflächen bewegt. Das "niedere Vieh", d. h. Schweine und Ziegen, wird in "Familien-Mangobäumen" gehalten, die von den Gemeinschaftsflächen isoliert sind, oder in Schweineställen. In diesen Gebieten gibt es eine starke Präsenz von agroindustriellen Integrationssystemen wie Tabakanbau, Schweine- und Geflügelfarmen sowie "chacreiros".

Quelle: SOUZA (2009, S. 21-22).

Gegenwärtig, so Floriani et al. (2011) erlebt das Universum des Faxinalense im Allgemeinen den folgenden sozialräumlichen Wandel: Die traditionellen Produktionstätigkeiten (extensive Viehzucht, handwerkliche Formen des Extraktivismus und Subsistenz-Polykulturen) sind intensiven kommerziellen Monokulturen gewichen (Tabakanbau, Sojaanbau, Aufforstung mit exotischen

Arten u. a. Kulturen und intensive Viehzucht); demografisches Wachstum und steigende Bodenpreise; die Errichtung von Freizeithütten im Bereich der Gemeinschaftszuchtgebiete. All diese Faktoren haben dazu geführt, dass die Faxinalense-Bevölkerung in Konflikte mit anderen gesellschaftlichen Gruppen und in Streitigkeiten zwischen den Bewohnern selbst verwickelt ist, was letztlich zum Zerfall der Gemeinschaft führen könnte und/oder sie zwingt, angesichts der Modernisierung ihres Gebiets Anpassungsstrategien zu entwickeln.

Sie sind als Gebiete zur Erhaltung der natürlichen Landschaftsmerkmale bekannt. Das Faxinal-System wurde Ende der 1990er Jahre als traditionelles Gebiet anerkannt und im Erlass Nr. 3446-14/08/1997 als solches definiert:

> Ein traditionelles bäuerliches Produktionssystem, das für die Region Centre-South in Paraná charakteristisch ist und sich durch die kollektive Nutzung von Land für die Tierproduktion und den Umweltschutz auszeichnet. Es basiert auf dem Zusammenspiel dreier Komponenten: a) kollektive Tierproduktion in Freilandhaltung durch gemeinschaftliche Zuchtanlagen; b) landwirtschaftliche Produktion - Subsistenz-Nahrungsmittel-Polykultur für Konsum und Verkauf; c) schonende Waldnutzung - Bewirtschaftung von Yerba Mate, Araukarien und anderen einheimischen Arten (PARANA, 1997, S. 1).

In diesem Sinne ist es notwendig, die Formen der Bodennutzung in einem Faxinal-System zu bewerten, insbesondere die Nutzung des Tabakanbaus, die für den produktiven Sektor in der Region Mitte-Süd charakteristisch ist, wo die Indikatoren zunächst von der Aufzucht freilaufender Tiere durchdrungen sind, die als Faktor für die Erosion, Verdichtung und Degradierung des Bodens durch die Umwälzung des Oberbodens in den Weidegebieten miteinander verbunden sind. Diese Erosion, die durch das Zertrampeln des Bodens durch die Tiere verursacht wird, findet in der Regel in der Nähe von Zäunen und Wasserläufen statt. Bei Regenfällen zerfällt das Material und wird durch den Oberflächenabfluss in ephemere Rinnen transportiert, die sich in Senken an den Hängen ablagern und so die Gewässer verschlammen (ANTONELLI; BEDNARZ, 2010).

Ein weiterer Indikator ist die Gewinnung von Wald, der die Grundlage der Wirtschaft Paranás bildete, da es in seinem Gebiet Arten von großem wirtschaftlichem Wert gab, wie z. B. die Kiefer (*Araucaria angustifolia*), Imbúia (*Ocotea porosa*), Erva- mate (*Ilex paraguariensis*) und andere. Dies hatte einen großen Einfluss auf die Entstehung der Faxinais und ihre anschließende Verbreitung in Paranà und den Nachbarstaaten (ALBUQUERQUE; WATZLAWICK; MESQUITA, 2011). Sie hängt mit den vegetativen Aspekten des Ombrophilen Mischwaldes (FOM) zusammen, in dem der Boden in Gebieten, die intensiv bewirtschaftet werden, z. B. durch Holzeinschlag, geschädigt werden kann. Im Laufe der Zeit wurden produktive Praktiken in Waldgebieten eingeführt, und in Gebieten mit tropischem Klima sind sie stärker vertreten.

Die Tiere ernähren sich von Pflanzen und Samen, was zu einer mangelnden Regeneration der Flora führt, insbesondere im Unterholz und der krautigen Vegetation (Weiden). Das weitgehende Fehlen von fragmentierten Bereichen der Unterholzvegetation wirkt sich auf die hydrologischen Bedingungen der Vegetation im Faxinal-System aus (THOMAZ, ANTONELLI, 2012).

Die Flächennutzung im Faxinal-System erfolgt zunächst dort, wo Flächen für den Anbau von einjährigen Kulturen gerodet werden. Durch die Produktionsverfahren wird der Boden ausgelaugt und die Flächen werden aufgegeben, woraufhin der Regenerationsprozess im Ökosystem beginnt (SA et al., 2014).

Der Prozess der Waldverjüngung in Faxinais beginnt zunächst in der Capoeira-Phase, in der Gräser sowie mittlere und große Arten vorkommen. Nach der Stabilisierung des Ökosystems tritt das Klimastadium ein, in diesem Fall die ursprüngliche Waldfläche, durch die Praxis der Abholzung; die Zersetzung der Biomasse Wurzeln, Blätter, Äste, erhöht den organischen Kohlenstoffgehalt im Boden.

Wenn ein Waldgebiet gerodet wird, steigt der organische Kohlenstoffgehalt des Bodens zunächst durch die Zersetzung der auf dem Boden verbliebenen Pflanzenreste und der Wurzeln der gefällten Bäume an. Nach dieser anfänglichen Phase intensiver Bewirtschaftung nimmt der Kohlenstoffgehalt des Bodens tendenziell ab, da die Bodenbearbeitung die Aggregate auflöst und den Kohlenstoff der Oxidation aussetzt (CERRI et al., 2008).

2.1 Studien über die Beziehung zwischen Streu und Kohlenstoffbestand

Die Laubstreu ist ein äußerst wichtiger Bestandteil eines Waldökosystems, da sie für den Nährstoffkreislauf verantwortlich ist und die Produktionskapazität des Waldes anzeigt, indem sie die verfügbaren Nährstoffe mit dem Nährstoffbedarf einer bestimmten Baumart in Beziehung setzt (FIGUEIREDO FILHO et al., 2003).

In diesem Teil des Ökosystems konzentrieren sich die für den Kohlenstoffbestand verantwortlichen Organismen, und die Streu ist der dynamischste Teil der Ökosysteme (CORREIA; ANDRADE, 2008).

Im Allgemeinen sind Blätter für mehr als 50 % der in einem Wald produzierten Streu verantwortlich. Tadaki (1977 apud ESCORIZA et al., 2012) ist der Ansicht, dass die Blattbiomasse einer Waldgemeinschaft zu den wichtigsten Informationen für die Analyse der Produktionskapazität des Waldes gehört. Der Nährstoffkreislauf spielt eine wesentliche Rolle bei der Aufrechterhaltung der Produktivität von Ökosystemen, insbesondere bei Böden mit geringer Fruchtbarkeit und starker Auswaschung (HAAG, 1985 apud FIGUEIREDO FILHO, 2003).

Die Einstreu ist im Zusammenspiel mit dem Boden an allen Phasen des Zersetzungsprozesses organischer Stoffe im Boden und am Nährstoffkreislauf beteiligt. Wo immer Pflanzengewebe gebildet wird, beginnt die Zersetzung, so CORREIA; ANDRADE (2008).

Die durch die Bewirtschaftung fragmentierten Waldgebiete beeinflussen die Bodeneigenschaften, indem sie den Prozess der Streuablagerung verändern, was zu einem Rückgang der Produktion organischer Stoffe, der Infiltration und der Wasserspeicherung im Boden führt (THOMAZ; ANTONELLI 2012).

Die Wechselwirkung zwischen Streu und Boden dient als Quelle für die Kohlenstoffumwandlung und die Erzeugung von Biomasse sowie als Lebensraum für organische Aktivitäten. Biomasse wird als Material biologischen, tierischen oder pflanzlichen Ursprungs verstanden. Ein anderer Begriff wie Waldbiomasse ist das gesamte lebende oder tote natürliche Material im Wald (SANQUETTA, 2002).

In diesem Sinne basieren die Variablen zur Schätzung der Produktion und des Nährstoffkreislaufs auf dem Brusthöhendurchmesser (DBH) in Kombination mit der Gesamthöhe. Ein Großteil der lebenden Biomasse im Oberboden basiert auf Bewertungen der Waldstruktur (SILVEIRA et al., 2007).

Die Bedeutung der Zersetzung der Streu liegt in der Menge, die dem Oberboden in seinem "Waldboden" hinzugefügt wird. Je größer die Menge an organischem Material ist und je langsamer es sich zersetzt, desto dicker ist die Streuschicht. Durch diesen Prozess kann ein Teil des der Biomasse hinzugefügten Kohlenstoffs wieder in die Atmosphäre gelangen (CORREIA; ANDRADE, 2008).

> Die Vegetation ist der Hauptfaktor für die horizontale Variabilität der Streu, denn je vielfältiger die Pflanzengemeinschaft ist, desto heterogener ist die Streu an benachbarten Punkten. Andererseits ist die vertikale Heterogenität der Streu, d. h. ihre Differenzierung in Schichten, auf die Geschwindigkeit der Zersetzung zurückzuführen, die wiederum von klimatischen, edaphischen und biologischen Faktoren bestimmt wird (CORREIA; ANDRADE, 2008, S.137).

Böden in Waldökosystemen sind für Kohlenstoffstudien von Bedeutung, da Waldumgebungen zur Stabilität der Umwelt beitragen. Nach Silveira et al. (2007) lohnt es sich, extreme Temperaturindizes und Niederschläge zu analysieren, um Lösungen zur Vermeidung von Bodenerosion und -beeinträchtigung zu finden, die für den Kohlenstoffspeicherzyklus von großer Bedeutung sind.

Die Analyse des organischen Kohlenstoffs im Boden in verschiedenen Systemen bietet Unterstützung bei der Bewertung der Bodenqualität (NEVES et al., 2002).

In traditionellen Gemeinschaften wie dem Faxinal-System gilt dies für Gebiete, die in Bezug auf die

Nutzung fragmentiert sind und als Urwald, Unterholz, Wald und Weide klassifiziert werden. Die fragmentierte Nutzung kann zu einer unterschiedlichen Streuproduktion und einem unterschiedlichen Streuvorrat führen. Daher hängt die Bewertung der Bodenqualität mit der Speicherung von organischem Kohlenstoff im Boden zusammen, die sich aus der spezifischen Dynamik der einzelnen Nutzungen ergibt.

In diesem Sinne zielt die Bewertung der Bodenqualität auf die Analyse des aktuellen Zustands des Bodens und seiner organischen Kohlenstoffspeicherindizes ab.

Der Bestand an organischem Kohlenstoff im Boden in verschiedenen fragmentierten Umgebungen, vom Wald bis zur Weide, bietet eine Grundlage für die Bewertung der Bodenqualität auf der Grundlage des Prozesses der Kohlenstoffspeicherung im Boden.

2.2 Wechselwirkung zwischen organischer Substanz und Bodenqualität

Die Diskussion über das Konzept der Bodenqualität begann in den 1990er Jahren, als die wissenschaftliche Gemeinschaft begann, den Boden unter dem Gesichtspunkt der Umweltqualität, der Verschlechterung der Bodenqualität und der landwirtschaftlichen Nachhaltigkeit im Hinblick auf die Bodennutzung und -bewirtschaftung zu analysieren. Durch die "Bodengesundheit", die auf die Nahrungsmittelproduktion abzielt, wird eine bessere Lebensqualität für die Menschen gewährleistet (VEZZANI et al., 2008).

In diesem Sinne wird die Bodengesundheit so verstanden, dass der Boden ein lebendiges System innerhalb des Ökosystems ist. Die Beziehungen, die die Bodenqualität bestimmen, sind durch die Landnutzung und die anthropogenen Wechselwirkungen mit der Wasser- und Luftqualität verknüpft (DORAN, 2000).

Das Verständnis der Rolle der Bodenqualität durch den Einfluss der organischen Substanz ist von entscheidender Bedeutung für die Untersuchung von Gebieten, in denen landwirtschaftliche Tätigkeiten stattfinden. Tabelle 1 zeigt einige der Konzepte der Bodenqualität.

Tabelle 1: Konzepte der Bodenqualität

Doran und Parkin, 1994.	Die Fähigkeit des Bodens, innerhalb der Grenzen des Ökosystems zu funktionieren, um die Produktivität zu erhalten, die Qualität zu bewahren und die Gesundheit von Pflanzen und Tieren zu fördern.
Karlen *et al.*, 1997.	Die Fähigkeit des Bodens, zu funktionieren.
Schj0nning *et al.*, 2003.	Wie gut der Boden das tut, was Sie von ihm erwarten.
	Die Kapazität des Bodens für eine sichere Pflanzenproduktion

Johnson *et al.*, 1992.   und nahrhaft sind und die Gesundheit von Mensch und Tier langfristig verbessern, ohne die natürlichen Ressourcen oder die Umwelt zu schädigen

Quelle: Angepasst von The organic center USDA Agricultural Research Service (2006).

Was die Qualität des Bodens in den Faxinalgebieten betrifft, so sind die menschlichen Aktivitäten mit den Faktoren der Bodenverschlechterung verbunden. Erosion durch Wassereinwirkung, Verlust von Nährstoffen und organischen Stoffen, chemische Verschmutzung und der Verlust physikalischer Eigenschaften sind die Säulen des Bodenverschlechterungsprozesses (CASSMAN, n.d.).

Die Kohlenstoffvorräte im Boden nehmen aufgrund von Praktiken und Nutzungsformen tendenziell ab; positive Praktiken wirken sich positiv auf die Erhöhung des Kohlenstoffgehalts aus. Gattinger et al. (2012) stellen fest, dass es zwar Belege dafür gibt, dass bewirtschaftete Böden höhere Kohlenstoffkonzentrationen aufweisen, andere Studien diese Unterschiede jedoch nicht gefunden haben. Die Debatte über die Praktiken und die Bewirtschaftung der ökologischen oder konventionellen Landwirtschaft weitet sich aus.

Für die Bodenqualität gibt es Indikatoren, ebenso wie für die Wasser- und Luftqualität. In neueren Studien haben Bodenwissenschaftler, Landwirte und staatliche Einrichtungen ein größeres Interesse an Indikatoren für die Bodenqualität gezeigt, um den Grad der Verschlechterung und die Bewirtschaftungsmethoden in Landnutzungsgebieten zu bewerten (VEZZANI; MIELNICZUK, 2009).

Die organische Substanz (OM) in tropischen und subtropischen Böden spielt eine wichtige Rolle bei der Nährstoffversorgung, der Rückhaltung von Kationen und Mikronährstoffen, der Stabilisierung der Bodenstruktur, der Wasserrückhaltung und der Durchlüftung; sie fungiert als Kohlenstoffquelle und fördert die mikroorganische Aktivität und ist somit von grundlegender Bedeutung für das Produktionspotenzial und die Qualität der Böden.

In Umgebungen mit Primärvegetation ist die Wirkung von OM stabil, aber in landwirtschaftlichen Gebieten variiert sie je nach der Art der Nutzung und kann in der Regel durch das Umbrechen des Oberbodens oder durch Kulturen, die keine Pflanzenreste hinzufügen, reduziert werden, wodurch sich die chemischen, physikalischen und biologischen Bedingungen des Bodens verändern.

Die mikrobielle Biomasse wird in der Regel für Studien über den Kohlenstoff- und Stickstoffgehalt und den Nährstoffkreislauf verwendet. Die mikrobielle Biomasse ist der aktivste Teil der organischen Materie. Sie kann als zentrales Kompartiment des Kohlenstoffkreislaufs und als Nährstoffreservoir im Kreislaufprozess in Ökosystemen eingestuft werden (RODRIGUES;

RODRIGUES, 2008).

Die organische Substanz im Boden wird als ein komplexer Stoffkomplex verstanden, dessen Dynamik durch die Zugabe von organischen Rückständen unterschiedlicher Natur unter der Einwirkung physikalischer, chemischer und biologischer Faktoren bestimmt wird (SANTOS et al., 2008).

Im Hinblick auf die Wirkung von OM auf den Boden werden spezifische Merkmale unterschieden:

a)   Chemische Eigenschaften: Diese hängen mit der Verfügbarkeit von Nährstoffen und der Kationenaustauschkapazität (CEC) sowie der Komplexierung von chemischen Elementen und Mikronährstoffen zusammen, wenn tropische Böden stark verwittert sind.

b)   Physikalische Eigenschaften: Der wichtigste Faktor für die physikalischen Eigenschaften des Bodens nach MO ist die Aggregation, die sich auf das Verhalten des Bodens auswirkt und andere Eigenschaften wie Porosität, Belüftung, Wasserrückhaltevermögen, Infiltrationskapazität und Dichte verändert.

c)   Biologische Eigenschaften: Die organische Substanz (OM) steht in direktem Zusammenhang mit den biologischen Eigenschaften der Böden, da sie aktiv an der Speicherung von Kohlenstoff, Energie und Nährstoffen beteiligt ist (BAYER; MIELNICZUK, 2008).

Im Prozess der Aggregatbildung ist die Bodenstruktur mit den physikalischen Kräften der Befeuchtung und Trocknung, des Gefrierens und Auftauens sowie der Wurzelkompression verbunden (BAYER; MIELNICZUK, 2008).

MO ist die wichtigste Komponente für die Produktionskapazität und Qualität der Böden. Die Art und Weise, wie Böden genutzt und bewirtschaftet werden, führt unter anderem in tropischen und subtropischen Regionen zu einer Degradation, die die chemischen, physikalischen und biologischen Bedingungen des Bodens beeinträchtigt, so dass eine Neubewertung der geeigneten Bewirtschaftung im Rahmen des Bodenschutzes erforderlich ist.

Die Betrachtung der organischen Substanz unter dem Gesichtspunkt der Pedogenese beginnt mit dem Verständnis des Bodens als eines natürlichen Körpers, der aus festen, flüssigen und gasförmigen Bestandteilen besteht [...] (ANJOS et al., 2008). Die Analyse des Bodens als lebendiger Naturkörper geht also über die Zusammensetzung des Ausgangsmaterials hinaus, sondern vielmehr über die aktiven biologischen Aktivitäten, das Klima und die Vegetation sowie das Mineralmaterial.

Die im Boden vorhandenen MOS tragen im Rahmen des pedogenetischen Prozesses zur organisch-mineralischen Vegetationsdecke bei. Während des Prozesses der Bodengenese verdichtet sich die zunächst dünne Schicht des Ausgangsmaterials unter Verwitterungsaktivität allmählich und differenziert sich in Schichten und Horizonte mit morphologischen Eigenschaften wie Textur, Struktur, Farbe und biologischer Aktivität, die die Merkmale des Bodenprofils bilden (ANJOS *et al.*, 2008).

> Der Boden ist ein heterogenes Medium, das verschiedene Stoffe und chemische Kolloide, physikalische Strukturen und unterschiedlichste biologische Formen umfasst und ein komplexes System darstellt, in dem diese Komponenten in einer engen funktionalen Beziehung zueinander stehen (SIQUEIRA et al., S. 495, 2008).

Abbildung 2: Konzeptuelles Modell der Komplexität des Bodens und seiner Komponenten und ihrer integrierenden Funktion in der Biosphäre

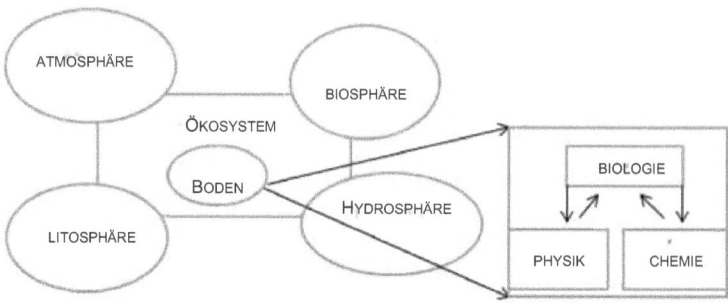

Quelle: Angepasst von Siqueira *et al.* (2008).

Org: Carrilho (2016).

Die Bewertung und Systematisierung der Dynamik der organischen Kohlenstoffvorräte in Boden-Wald-Gebieten korreliert mit den Treibhausgasemissionen. Diese Korrelation ermöglicht die Berechnung der Kohlenstoffbilanz in Wäldern und Böden, die die wichtigsten Kohlenstoffspeicher sind (EMBRAPA, 2015).

Analysen des Bodenkohlenstoffbestands erfordern daher Planung und Strategie bei der Wahl der Gebiete, der Erhebungsmethoden und -techniken sowie des Zeitraums, in dem sie durchgeführt werden.

3. CHARAKTERISIERUNG DES UNTERSUCHUNGSGEBIETS

Das Faxinal Paranà Anta Gorda liegt 17 km vom Stadtgebiet der Gemeinde Prudentópolis, PR, entfernt, ganz im Westen der Region Zentrum-Süd, in der Nähe der Serra Geral, auf der zweiten Hochebene von Paraná (Abbildung 3). Seine Gesamtfläche beträgt 612 ha, wovon 252 ha für die gemeinschaftliche Zucht genutzt werden (FREITAS, ANTONELLI 2012). Im Faxinal leben derzeit 50 Familien.

Die Gemeinde Prudentópolis liegt auf dem Breitengrad 25° 12' 47" S und dem Längengrad 50° 58' 40" W (Sitz der Gemeinde) und verfügt über neun Faxinale, die die ursprünglichen Merkmale ihrer Entstehung im Jahr 1997 aufweisen, darunter das Faxinal Paranà Anta Gorda. Mit dem Staatsdekret 3446/97 wurde es zu einem Sondergebiet mit geregelter Nutzung erklärt (PARANA, 1997).

Was das Relief der Region anbelangt, so befindet sie sich im Übergang zwischen zwei physiografischen Einheiten, der Zweiten Paraná-Hochebene mit monoklinen und subhorizontalen Strukturen, die sich nach Westen hin verdichten, und der Dritten Paraná-Hochebene (Guarapuava-Hochebene) mit basaltisch-arenitischem Charakter, die von der Escarpa da Esperança begrenzt wird (SILVA, et.al, 2006).

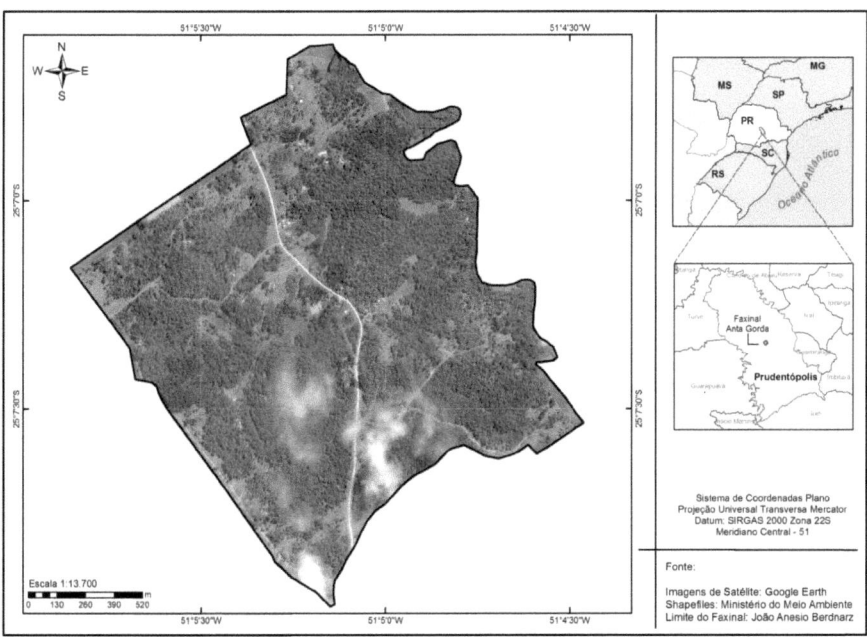

Abbildung 3: Lokalisierungskarte von Faxinal Paranâ Anta Gorda **Org:** Carrilho (2016).

17

Die Vegetation von Faxinal Paranà Anta Gorda ist durch das Vorkommen von ombrophilem Mischwald gekennzeichnet. Dieser auch als "mata-de-araucària" oder "pinheiral" bekannte Vegetationstyp stammt aus der südlichen Hochebene, wo er früher häufiger vorkam (IBGE, 2012). Der Wald im Faxinal ist durch einen lichten, niedrigen Wald gekennzeichnet, in dem die Art "Pinheiro Paranà" nur spärlich und in geringerem Umfang vorkommt (ANTONELLI, THOMAZ, 2012).

Bei den Böden überwiegen Kambisole und Neosole, dünne Böden mit Gesteinsbruchstücken oder Muttergestein.

Das Klima der Region ist nach der Koppen-Klassifikation Cfb (feucht-mesothermisch mit milden Sommern) mit gleichmäßigen Niederschlägen, keiner Trockenzeit und einer monatlichen Durchschnittstemperatur von höchstens 22 °C. Im Winter kommt es an durchschnittlich 10 bis 25 Tagen im Jahr zu starken Frösten. Die historische Niederschlagsmenge der Region liegt bei durchschnittlich 2057 mm pro Jahr (ANTONELLI, 2011).

Die Klassifizierung von Souza (2007) liefert eine Bewertung der Umweltsituation der Faxinais im Bundesstaat. Unter den erstellten Typologien (Tabelle 1) fällt das Faxinal Paranà Anta Gorda in die Typologie 2. Aufgrund der jüngsten Aktivitäten in dem Gebiet, wie z. B. das Vorhandensein von Ferienhäusern, Schweineställen und Tieren wie Ziegen und einigen Schweinen, größeren eingezäunten Flächen und auch gemischten landwirtschaftlich-industriellen Aktivitäten, fällt die Realität des Faxinal Anta Gorda nach der von Souza vorgeschlagenen Klassifizierung (Abbildung 1) heute jedoch in Typologie 3.

Zu den Merkmalen gehören die gemeinsame Nutzung innerhalb des Betriebs, die freie Zirkulation und auch die teilweise Zirkulation zwischen den Grundstücken der Tiere, die Umzäunung und das Vorhandensein von Büschen, Toren und Flüssen, die das Gebiet von Faxinalense durchdringen. Die nordöstliche und östliche Grenze wird durch den Fluss Anta Gorda (FREITAS; ANTONELLI, 2012) gebildet.

4. MATERIALIEN UND METHODEN

Um die Nutzungsformen innerhalb des Faxinal-Systems zu klassifizieren, wurden Feldarbeiten durchgeführt, um die Vegetation in dem Gebiet anhand ihrer Typologien zu erfassen, wobei die Klassen Weide, Wald, Unterholz und Araukarienwald definiert wurden. Ein an das Faxinal angrenzendes Außengebiet (Kontrollgebiet), das jedoch nicht beweidet wird, wurde ausgewählt, um als Referenz für die Erhebungen im Zuchtgebiet zu dienen.

4.1 Ethnobotanische Erhebung der Stichprobeneinheiten

Die ethnobotanischen Erhebungen in Faxinal und in der Kontrollzone wurden in Stichprobeneinheiten von 20 x 50 m^2 durchgeführt, die von einem Signalband umgeben waren. Der Analyseparameter war der Brusthöhendurchmesser (DBH) eines jeden Baumes, der nach dem Kriterium von 1,30 m über dem Boden gemessen wurde (TONINI; ARCO-VERDE; SA, 2005).

Für die Walderhebung wurden die Stichprobeneinheiten quantifiziert und zunächst mit ihrem volkstümlichen Namen bezeichnet. Sie wurden abgegrenzt und katalogisiert und später mit ihrer volkstümlichen und wissenschaftlichen Nomenklatur bezeichnet (ALBUQUERQUE; WATZLAWICK, 2012). Auf diese Weise wurde die Methodik der Walderhebung in 4 der 5 Nutzungsbereiche mit Ausnahme des Weidebereichs, aber in den anderen Nutzungsformen im Faxinal angewendet.

Bei den Klassifizierungen half der Vertreter von faxinalense bei der ethnobotanischen Erkundung (Abbildung 4). Im Dialog konnten die Merkmale von Blättern, Früchten, Stämmen, Höhenschätzungen, Vorhandensein und Fehlen innerhalb der Stichprobeneinheiten beobachtet werden. Der Faxinalense, der über umfassende Kenntnisse in der ethnobotanischen Identifizierung von Waldarten verfügt, berichtete, dass es keine Gewohnheit gibt, die Arten als Bäume zu bezeichnen. Er sagte, dass die Bewohner der Gemeinde das "Holz" erkennen und es als weich oder hart einstufen, was eine Interpretation ist, die mit der Nutzung und Bewirtschaftung für das Schneiden von Brennholz zusammenhängt.

Die empirische Bewertung erfolgte also durch Berührung und Beobachtung der Rinde, der Stämme, der Textur, der Flecken und der Farben, dann der Blätter und Früchte.

In einem offenen Dialog während der Messungen erzählte uns der Vertreter über die frühere Nutzung, die Verdichtung des Waldes und die starke Präsenz der Paranà-Kiefer. Auf der Grundlage der empirischen Charakterisierung wurden die Informationen über gebräuchliche Namen verglichen und nach Identifikation und wissenschaftlichem Namen umgeschrieben, um die Kenntnis, den Reichtum und die Vielfalt der Arten in den Gebieten zu verstehen.

Abbildung 4: Ethnobotanische Klassifizierung des Waldgebiets **Quelle:** Marochi (2016).

4.2 Probenahmeverfahren und Einstreu und Boden

Die Untersuchung in Faxinal Anta Gorda wurde in Stichprobeneinheiten durchgeführt, die in die Nutzungsklassen Araukarienwald, Wald, Unterholz (offene oder spärliche Vegetation), Weidefläche und Kontrollfläche eingeteilt waren. Innerhalb der Stichprobeneinheiten wurde die Streu nach dem Zufallsprinzip gesammelt.

Es wurde eine Tabelle erstellt, die an das methodische Modell im EMBRAPA-Dokument "Methodology for estimating carbon stocks in different land use areas" von 2012 angepasst ist.

Die Tabelle enthält die Klassifizierung der Landnutzungstypologie, die Anzahl der Arten und ihre Messungen. Anschließend wurde sie neu geordnet, um die Anzahl der Wiederholungen bestimmter Arten innerhalb der Probenahmeeinheiten zu beobachten. Auf diese Weise lässt sich feststellen, welche Art von Streu am repräsentativsten für den Prozess der Streuablagerung ist.

Die in den Nutzungsklassen gelagerte Streu wurde mit Hilfe einer 1x1m großen PVC-Struktur gesammelt. Der Quadrant wurde nach dem Zufallsprinzip angelegt, so dass insgesamt 9 Punkte innerhalb der 20 x 50 m großen Matrix-Probenahmeeinheit erfasst wurden.

Abbildung 5: Abgrenzung der 20x5 m großen Probenahmeeinheit in der Klasse Understorey.

Quelle: Carrilho (2016).

Abbildung 6: PVC 1x1m Quadrant und 50 cm untere Parzelle.

Quelle: Carrilho (2016).

In dem dann durch den 1x1-m-Quadranten festgelegten Bereich beginnt der Sammelvorgang mit einer 50 cm tiefer gelegenen Parzelle innerhalb des Quadranten, in dem der organische Input entfernt wird. Die Wahl der 50 cm Abgrenzung innerhalb des Quadranten ermöglichte eine genauere Probenahme. Die Proben wurden in Plastiksäcke verpackt und entsprechend ihrer Nutzungsklasse gekennzeichnet.

21

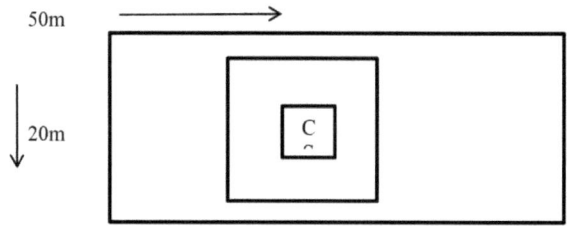

Abbildung 7: Darstellung der Abfallsammelstellen in der Beprobungseinheit **Quelle:** Angepasst von Embrapa 2002.

Org: Carrilho (2016)

4.3 Bodensammlung für die Kohlenstoffbestimmung

Das Probenahmeverfahren begann mit der Bestimmung der festen Achsen für die erste Endwiederholung zwischen den drei (3) Seiten des Grabens. Es folgten zwei weitere zufällige Wiederholungen innerhalb der Probenahmeeinheit. Pro Tiefe wurden drei (3) Wiederholungen durchgeführt.

Die Methodik basierte auf dem von Embrapa Pecuâria Sudeste entwickelten Protokoll für die Quantifizierung des Bodenkohlenstoffs des Pecus-Forschungsnetzes, bei dem die festgelegten Bestimmungsachsen mit einem Maßband bis zum Ende der Matrix-Probenahmeeinheit (20x50) verfolgt und Messungen in 7,5 m Höhe bei jeder Fraktion mit einem niederländischen Erdbohrer vorgenommen wurden, um den Prozess der Entnahme von Unterproben in folgenden Tiefen einzuleiten: 0-10 10-20 -20-40- 40-60, insgesamt 4 Unterproben, die eine Mischprobe bilden. Die Bodenproben für die Bestimmung der organischen Kohlenstoffvorräte wurden äquidistant um die Gräben herum entnommen (EMBRAPA 2014). Abbildung 12 zeigt eine Darstellung der nach dem Zufallsprinzip gesammelten Punkte mit einem zentralen Graben als Ausgangspunkt für die 3 festen Achsen.

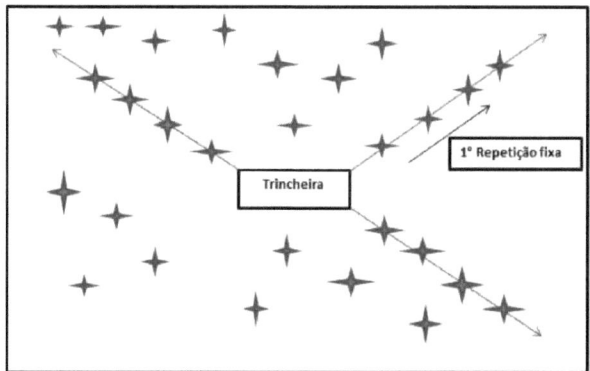

Abbildung 8: Probenahmeschema für die Sammlung von Kohlenstoff aus den extremen Achsen des Grabens.

Org: Carrilho (2016).

Die Zufälligkeit der Proben ermöglicht es, das Verteilungsverhalten des Kohlenstoffspeicherprozesses zu beobachten. Die auf den vom Betrieb genutzten Flächen entnommenen Proben wurden zum Vergleich der Kohlenstoffspeicherung in der Kontrollzone außerhalb des Faxinals verwendet. Es wurde das gleiche Bodenprobenahmeverfahren wie oben beschrieben durchgeführt.

Nach der Entnahme wurden die Proben manuell homogenisiert und in Plastiksäcke gefüllt, die nach Einsatzgebiet, Wiederholung und Tiefe beschriftet waren. Anschließend wurden sie zur TOC-Analyse (Total Organic Carbon) ins Labor geschickt, wobei die Methode nach Walkley und Black (1934) zur Messung des feuchten C verwendet wurde.

4.4 Analyse und Verarbeitung von Laubstreu im Labor

Die Einstreuproben wurden ins Labor geschickt, wo die Einstreu zunächst natürlich getrocknet wurde. Anschließend wurde das Frischgewicht ermittelt, und nach der Auswertung und dem Erreichen eines konstanten Wertes wurde sie zum Trocknen für 24 Stunden bei 60° in den Ofen geschickt.

Zur Schätzung des im organischen Input gespeicherten Kohlenstoffs nach der EMBRAPA-Methode (2002) zur Schätzung des Kohlenstoffbestands in verschiedenen Landnutzungssystemen wurden die Proben anhand des geschätzten Trockengewichts in t/ha analysiert, und dieser Wert wurde mit dem Faktor 0,45 multipliziert, um die Kohlenstoffmenge in der Streu zu erhalten.

4.5 Analyse der Daten

Die Wahl der Datenanalyse beruhte auf der deskriptiven Statistik, die darin bestand, die Daten in

Form von Mittelwert und Standardabweichung zu organisieren und zu beschreiben.

Der DBH-Datensatz (Durchmesser in Brusthöhe) wurde mit Hilfe von aufeinanderfolgenden Messungen in der Excel-Software verarbeitet.

Sie wurden mit Hilfe von Häufigkeitsverteilungen, die in Tabellen und Diagrammen dargestellt wurden, angewendet. Zunächst wurden die Daten gemittelt, dann wurde ein Maß für die Streuung (Standardabweichung) ermittelt.

Die Einstreu wurde anhand ihres Trocken- und Frischgewichts analysiert und mit dem Faktor 0,45 multipliziert, um einen Schätzwert für den Kohlenstoffgehalt der Einstreu zu erhalten. Anschließend wurde die Gleichung angewendet:

BH (t/ha) = (PSM/PFM) x PFT x 0,04

Dabei gilt: BH = Biomasse der Streu, Trockenmasse, PSM = Trockengewicht der entnommenen Probe, PFM = Frischgewicht der entnommenen Probe, PFT = Gesamtfrischgewicht pro Quadratmeter, 0,04 = Umrechnungsfaktor.

Die Methodik zur Schätzung der Kohlenstoffvorräte in verschiedenen Landnutzungen. Die Methodik wurde von EMBRAPA Florestas entwickelt (EMBRAPA 2002). Die Kohlenstoffdaten wurden anhand der Durchschnittswerte für die jeweiligen Flächen und nach Tiefe analysiert.

Die Methodik wurde mit den Einstreuproben durchgeführt und in Excel-Software operationalisiert (Abbildung 17), wo die Daten mit Hilfe des Umrechnungsfaktors in die oben genannte Formel eingesetzt wurden.

Zur Überprüfung der Unterschiede zwischen den Mittelwerten der Variablen wurde eine Varianzanalyse durchgeführt (einseitige ANOVA) und der LSD-Test (least significant difference) verwendet.

5. Ergebnisse und Diskussion

ZERSPLITTERUNG DES FAXINALS PARANA ANTA GORDA UND SEINE NUTZUNGSARTEN

Faxinal Anta Gorda hat vier (4) Landnutzungsformen in seinem Gebiet: Weideland, Unterholz, Wald und Araukarienwald, die durch ihre Sukzessionsstadien verstanden werden.

Die ökologische Sukzession wird kurz als eine Reihe von Veränderungen definiert, die in der Zusammensetzung, Form und Struktur des Waldes in einem bestimmten Zeitraum auftreten (GANDOLFI, 2007).

5.1 Unterwuchs und Wald: Capoeira

In der 3ᵃ Phase dieser sekundären Sukzession, die Capoeira genannt wird, erreichen die Bäume eine Höhe von etwa 8 m, und ihr Auftreten erfolgt, wenn bestimmte Bäume gefällt und entfernt werden, um eine Lichtung zu schaffen. Eines der Merkmale der sekundären Vegetation ist der Regenerationsprozess, der sich aus der natürlichen Sukzession ergibt, unabhängig davon, ob sie natürlich oder anthropogen bedingt ist. Gelegentlich kommen auch Arten der Primärvegetation vor (CONAMA, 2007). Einige Beispiele für diese Bäume sind: Yerba mate, gelber Zimt, schwarzer Zimt, Guabiroba, Guaçatunga, Carne de vaca, etc. Arten, die in den Klassen "Unterholz" und "Wald" vorkommen.

Abbildung 9: Bosque-Capoeira-Bereich

Quelle: Carrilho, (2016)

Abbildung 10: Capoeira im Untergeschoss

Quelle: Carrilho, (2016).

5.2 Araukarienwald und Kontrollgebiet (Capoeirao)

Im Stadium 4[a] dieser sekundären Sukzession, das Capoeirao genannt wird, haben die Bäume zwei Höhenstufen, d. h. 2 Lagen. Hier gibt es große Bäume, wie Kiefern und Imbuia, sowie viele kleine Pflanzen, wie Baumfarne und Orchideen. Aus diesem Grund handelt es sich um einen eher geschlossenen Ort mit hoher Luftfeuchtigkeit. Capoeirao wird als fortgeschrittenes Stadium der Regeneration eingestuft. Einige seiner Merkmale sind, dass die Vegetation im Vergleich zu den anderen Schichten eine vorherrschende Baumphysiognomie aufweist und dass sie einen großen Durchmesserbereich hat (CONAMA, 1994).

Abbildung 11: Araukarienwald: Capoeirao

26

Abbildung 12: Kontrollzone: Capoeirao

Quelle: Carrilho (2016)

Es gibt jedoch auch Waldvariationen, und in der Nähe der Varzeas haben wir die Formation Alluvialer Ombrophiler Mischwald (FOMA). Im Faxinal besteht der Auwald hauptsächlich aus *Araucaria angustifolia* (Paraná-Kiefer), *Sebastiana commersoniana* (Wilder Weißling), *Luehea divaricata* (Pferdepeitsche). Dies sind gemeinsame Merkmale der Wälder in der südlichen Region des Landes.

Bei diesen Variationen handelt es sich um Fragmente innerhalb des Faxinalense-Gebiets, manchmal mit dichten Waldgebieten, andere mit Lichtungen "reinen Waldes", auch Gebiete in der Verjüngungsphase, wie im Unterholz mit mittleren und großen Arten und auch mit Vegetation in der Anfangsphase (Unterholz); Die Anbauflächen sind hervorzuheben für den kleinräumigen Anbau.

Die Realität im Faxinal verändert sich durch die Art und Weise, wie der Wald genutzt und bewirtschaftet wird, und zeigt Veränderungen auf verschiedenen Ebenen.

Die Feldforschung in diesem Gebiet hat eine Reihe von Punkten ergeben, die sich je nach Nutzung und Bewirtschaftung des Waldes ändern. Zunächst liefert uns das kartografische Produkt eine Antwort durch das Satellitenbild einer einheitlichen Waldbedeckung innerhalb des Faxinal-Brutgebiets.

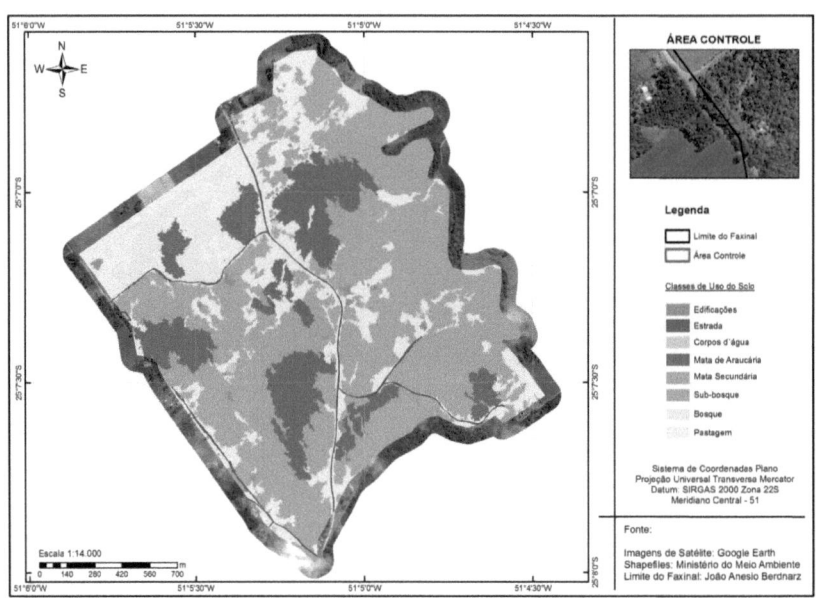

Abbildung 13: Karte der Klassifizierung der Landnutzung in Faxinal Paranâ Anta Gorda **Org**: Carrilho (2016).

Zu diesem Zweck zeigt die Abbildung die speziellen Nutzungsformen im Brutgebiet. Es gibt Prozesse der Fragmentierung des Unterholzes und der Waldgebiete, und die Wahl des Kontrollgebiets (Sekundärwald) ermöglichte es uns, die Waldparameter mit den Sekundärwaldgebieten innerhalb des Faxinal-Systems zu vergleichen.

Die Weide wurde in den fragmentierten Bereichen zwischen den Wäldern verteilt. Der Araukarienwald zwischen den Rändern des Brutgebiets ist entweder weniger dicht oder teilweise dicht. Konzentrationen dichterer Vegetation erstrecken sich über die Grenzen des Zuchtgebiets hinaus. In diesem Fall weist das Kontrollgebiet mehr erhaltene Merkmale auf, mit mehr Streu und einem repräsentativen Kronendach.

Durch die Analyse des Brusthöhendurchmessers (DBH) (Tabelle 2) und die Klassifizierung und Quantifizierung der Arten im Kontrollgebiet konnte das Vorhandensein von Arten festgestellt werden, die entweder im Brutgebiet des Faxinals wiederholt oder nur im Außenbereich vorkommen. Die im Volksmund als Carne de Vaca (*Clethra scabra*) und Erva do Mato - Caùna (*Ilex theezans*) bekannten Arten fallen quantitativ und repräsentativ innerhalb der Stichprobeneinheit in der Kontrollzone auf.

Wenn man die fragmentierten Vegetationsstreifen betrachtet, erkennt man einen Alterungsprozess

28

des Waldes, ein geringes Nachwachsen und auch die Anwesenheit von Tieren im Prozess der Nichtverjüngung. Dies ist ein sehr ausgeprägtes Merkmal von Faxinal Anta Gorda in den Wald- (Abbildung 13) und Unterholzgebieten.

Die Quantifizierung ermöglichte es, die Wirkung der Waldbiomasse in Bezug auf den organischen Beitrag und die wichtigsten Arten, die am Streuablagerungsprozess beteiligt sind, zu beobachten.

Tabelle 2: Ethnobotanische Klassifizierung der Arten im Zuchtgebiet und im Kontrollgebiet, umgeschrieben mit ihrer wissenschaftlichen Bezeichnung.

Allgemeine empirische Klassifizierung der Baumarten in den Stichprobeneinheiten

Identifizierte Spezies:

1- Guaçatunga	*Casearia sylvestris*
2- Gelber Zimt	*Ocotea glaziovii*
3- Miguel Pintado	*Matayba elaegnoides*
4- Ipê	*Handroanthus chrysotrichus*
5- Weißer Zimt	*Ocotea puberula*
6- Rindfleisch	*Clethra scabra*
7- Palme	*Syarus romanzoffiana*
8- Araucària	*Araukarie angustifolia*
9- Pflaumenbaum	*Eriobothrya japonica*
10- Weißer Weinstock	*Solanum wightianum*
11- Rote Rebe	*Buschwindröschen*
12- Xaxim	*Dicksonia sellowiana*
13- Taquara	*Bambusa tuldoides munro*
14- Zedernholz	*Cedrela fissilis*
15- Nuss-Sauger	*Zanthoxylum rhoifolium*
16- Varaneira	*Cordyline spectabilis*
17- Zimtfuchs	*Alchornea sidifolia*
18- Cangerana	*Cabralea canjerana*

19- Pflaume	*Myrcia spectabilis*
20- Pimenta do Mato	*Pfeffer. pseudocaryophyllus*
21- Taruma	*Vitex montevidensis*
22- Japanische Traube	*Hovenia dulcis thunb*
23- Cambui	*Myrciaria _foribunda*
24- Räucherkammer	*Solanum granuloso leprosum dunal*
25- Yerba Mate	*Illexs paraguariensis*
26- Weißdorn	*Cratsegus laevigata*
27- Guabiroba	*Campomanesia guaviroba*
28- Stange Milch	*Sapium glandulosum*
29- Lantana	*Lantana-Kamera*
30-Kirschbaum	*Eugenia involucrata*
31- Pfirsichbaum	*Prunus myrtifolia*
32- Schwarzer Zimt	*Ocotea cathariensis*
33- Erva do Mato (Caùna)	*Ilex theezans*

Quelle: Carrilho (2016).

Was den Zusammenhang zwischen dem Vorhandensein von Waldbiomasse in den Stichprobeneinheiten anbelangt, so ist festzustellen, dass selbst bei fragmentierten Flächen, die durch Holzeinschlag und tierische Eingriffe mehr oder weniger geschwächt sind, in der Stichprobeneinheit von

Im Araukarienwald gibt es innerhalb der Stichprobeneinheit eine größere Homogenisierung der im Volksmund als Guaçatunga (*Casearia sylvestris*) bekannten Art.

In der Kontrollzone sticht die im Volksmund als "Carne de vaca" (*Clethra scabra)* bekannte Art bei der Ablagerung von Streu hervor. 56 Bäume wurden innerhalb der Einheit quantifiziert, gefolgt von einer anderen im Volksmund als "Erva do Mato, Caùna" bekannten Art, von der 42 Bäume quantifiziert wurden.

In dem am stärksten bewirtschafteten Teil des Waldes mit geringer Verjüngungsrate sticht die im Volksmund als Guaçatunga bekannte Art (*Casearia sylvestris) mit* insgesamt 35 Bäumen hervor, gefolgt von der Guabiroba-Art mit 10 Bäumen, während die anderen klassifizierten Arten weniger als zehn Bäume in der Stichprobeneinheit aufwiesen.

Im Untergeschoss, der Stichprobeneinheit, ist der Wald stärker bewirtschaftet und weist nur wenige Arten und Bäume auf, die sich in einem Prozess starker Fragmentierung befinden. Die Guaçatunga-Art (*Casearia sylvestris*) (Tabelle 2) ragt mit 22 Bäumen heraus, gefolgt von Yerba Mate (*Illex paraguariensis*) mit 6 Bäumen, während die anderen vorhandenen Arten weniger als sechs Bäume zählen.

5.3 Durchmesser in Brusthöhe (DBH)

Durch die Wahl von Stichprobeneinheiten in einer fragmentierten Landschaft kann selbst in Gebieten mit dichterer Vegetation, in diesem Fall den Gebieten Araukarienwald und Kontrollgebiet, die Anzahl der Arten als einer der Faktoren im Prozess des Bodenkohlenstoffbestands bestimmt werden.

Tabelle 3: Summe der Werte des Brusthöhendurchmessers (DBH) von 4 klassifizierten Gebieten.

Arten	Summe der DBH (cm)	Nr. Anlage/Einheit Probe
Guaçatunga	1140	22
Canjarana	367	4
Guabiroba	191	2
Yerba mate	426	6
Gelber Zimt	205	3
Rindfleisch	58	1
Stange Milch	54	1
Araukarien	124	1

Org: Carrilho (2016)

Durch die durchgeführten Messungen weist der Unterwuchs (Tabelle 4) in der Stichprobeneinheit eine geringere Artenzahl auf. Dies ist ein Merkmal für den Prozess der Landschaftsentwicklung aufgrund der Nutzung. Besonders erwähnenswert sind die Arten Carne de Vaca (*Clethra scabra*), Pau de leite (*Sapium glandulosum*) und Araucària (*Araucària angustifólia*), die in der Stichprobeneinheit nicht mehr vorkommen.

Tabelle 4: DBH (Durchmesser in Brusthöhe) der unterirdischen Arten

Allgemeiner Name	Wissenschaftlicher Name	DBH (cm)	N°

			Bäume/Probeeinheit
Guaçatunga	*Casearia sylvestris*	51,8±29,4	22
Canjarana	*Cabralea canjerana*	91,75±10,2	4
Guabiroba	*Campomanesia guaviroba*	95,5±11,5	2
Yerba mate	*Illexs paraguariensis*	71,0±20,0	6
Gelber Zimt	*Ocotea glaziovii*	68,3±14,7	3
Rindfleisch	*Clethra scabra*	58,0±0,0	1
Stange Milch	*Sapium glandulosum*	54,0±0,0	1
Araukarien	*Araukarie angustifolia*	124,0±0,0	1
Insgesamt:			**40**

Org: Carrilho (2016)

In der Klasse Wald (Tabelle 5) ist eine größere Artenvielfalt zu erkennen, aber auch Bäume, die nicht wiederkehren. Dazu gehören die Arten Pessegueiro Bravo (*Prumus myrtifolia*) Fumeiro (*Solanum granuloso leprosum dunal*) Canela Preta *(Ocotea cathariensis)* Miguel Pintado (*Matayba elaegnoides*) Lantana *(Lantana câmara)* (Tabelle 4).

Tabelle 5: DBH (Durchmesser in Brusthöhe) der Waldarten

Allgemeiner Name	Wissenschaftlicher Name	DBH (cm)	N° Z-BäumeStichproben einheit
Chilischote	*Pseudocaryophy Chili*	122, 7± 19,4	6
Guaçatunga	*Casearia sylvestris*	47,1 ±40,4	35
Yerba mate	*Illexs paraguariensis*	35,7 ± 17,2	3
Pessg. Bravo	*Prunus myrtifolia*	73,0± 0,0	1
Guaviroba	*Campomanesia guaviro*	70,8 ± 32,6	10
Taruma	*Vitex montevidensis*	65,0 ± 15,0	2
Räucherkammer	*Solanum granuloso leprosum dunal*	42,0 ± 0,0	1
Schwarzer Zimt	*Ocotea cathariensis*	104,0 ±0,0	1
Miguel hat gemalt	*Marayba elaegnoides raldlk*	27,0 ±0,0	1

32

Lantana	*Lantana-Kamera*	4,0 ± 0,0	1
Matte Kirsche	*Eugenia involucrata*	142,5 ± 3,5	2
Cambui	*Myrciaria floribunda*	138,0 ± 8,0	2
Insgesamt:		**65**	

Org: Carrilho (2016).

In der Klasse der Araukarienwälder (Tabelle 6) konnte innerhalb der Stichprobeneinheit der niedrige Index der Arten beobachtet werden, der die Vegetationstypologie kennzeichnet. Die Art Guabiroba (*Campomanesia guavirova*), die nicht wiederholt vorkam, war besonders bemerkenswert, ebenso wie die Art Guaçatunga (*Casearia sylvestris*) aufgrund ihrer Vorherrschaft im Bereich der Stichprobeneinheit.

Tabelle 6: DBH (Durchmesser in Brusthöhe) der Arten im Araukarienwald.

Allgemeiner Name	Wissenschaftlicher Name	DBH (cm)	N° Z- BäumeStichproben einheit
Guaçatunga	*Casearia sylvestris*	24,0±21,8	127
Yerba mate	*Illexs paraguariensis*	48,5±19,6	4
Rindfleisch	*Clethra scabra*	24,5±,5	2
Zedernholz	*Cedrela fissilis*	131,0±18,2	3
Guabiroba	*Campomanesia guaviro*	113,0±0,0	1
Araukarien	*Araukarie angustifolia*	214,0±2,0	2
Insgesamt:			**139**

Org: Carrilho (2016)

Die Kontrollfläche (Tabelle 7) wies eine größere Anzahl von Arten auf, wobei nur drei Arten nicht wiederkehrten: Pimenta do Mato (*Pimenta pseudocaryophyllus),* Taruma (*Vitex montevidensis*), Uva Japao (*Hovenia dulcis thunb*).

Die häufigsten Arten waren Guaçatunga *(Casearia sylvestris)* 31, Carne de Vaca (*Clethra scabra*) 57, Erva do Mato/Caûna (*Illex theezans*) 46.

Tabelle 7: DBH (Durchmesser in Brusthöhe) der Arten in der Kontrollzone.

Allgemeiner Name	Wissenschaftlicher Name	DBH (cm)	N° Bäume/Probenahme einheit
Guaçatunga	*Casearia sylvestris*	26, ±821,5	31
Cambui	*Myrciaria floribunda*	24±3,1	4
Rindfleisch	*Clethra scabra*	52,4±38,9	57
Zedernholz	*Cedrela fissilis*	28±24,8	3
Räucherkammer	*Solanum granulosum leprosum dunal*	34,7±41,7	4
Yerba Mate	*Illexs paraguariensis*	16,0±-7,0	2
Mamica-Hündin	*Zanthoxylum rhoifolium*	23,5±3,5	2
Gelber Zimt	*Ccotea glaziovii*	53,2±47,9	10
Canjarana	*Cabralea canjerana*	37,0±20,0	5
Pflaumenstrauch	*Myrciaria spectabil*	51,7±8,4	15
Fuchs Zimt	*Alchornea sidifolia*	14,2±1,8	4
Chilischote	*Pseudocaryophy Chili*	16,0±1,8	1
Miguel Pintado	*Matayba elaegnoides*	63,6±69,7	10
Araukarien	*Araucària angustifolia*	4,0±0,0	3
Taruma	*Vitex montevidensis*	24,0±0,0	1
Japanische Weintrauben	*Hovenia dulcis thunb*	10,0±0,0	1
Strauchgras	*Ilex theezans*	21,3±18,8	46
Insgesamt:			**153**

Org: Carrilho (2016)

5.4 Einstreustoffe in verschiedenen Verwendungen

Die Kombination von Streu und Boden ist nicht nur mit Kohlenstoffquellen verbunden, sondern bietet auch Nahrung für die im Boden vorhandenen Organismen und Lebensraum für die vorhandenen Lebewesen, und Streu ist ein dynamischer Teil des gesamten Entstehungsprozesses

34

(CORREIA et al., 2008).

Die Ergebnisse der Interaktion von Laubstreu als Faktor im Kohlenstoffbestandsprozess können wir anhand der Biomasseproduktion in den Stichprobeneinheiten analysieren (Abbildung 17).

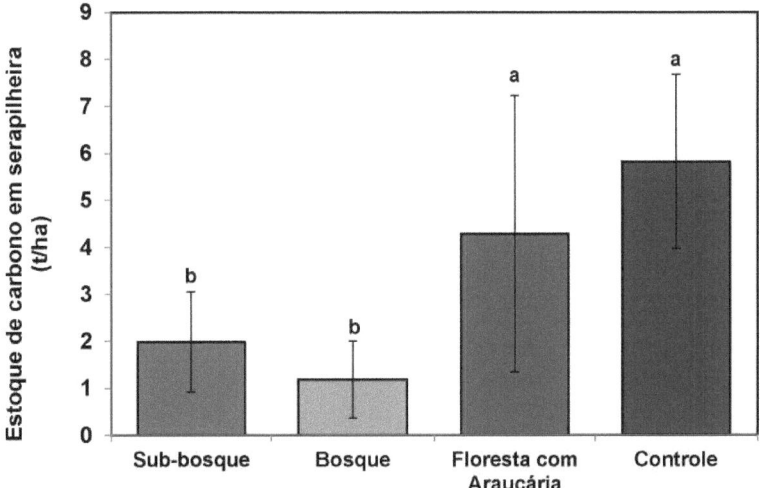

Figura 14: Mittelwerte der Proben des Streukohlenstoffbestands für die einzelnen Gebiete

Anmerkung: Gleiche Buchstaben in den Balken unterscheiden sich nach dem LSD-Test (Least Significant Difference) nicht signifikant auf dem Niveau von 0,05 %.

Org: Carrilho (2016)

Die Rolle des Bodens in diesem Prozess hängt mit der Verfügbarkeit von Wasser und anderen Nährstoffen für die Produktion von Biomasse zusammen, die zur Versorgung mit organischem Material beiträgt. Es ist zu erkennen, dass innerhalb des Faxinal-Brutgebiets die Unterholz- und Waldklassen niedrigere Werte aufweisen, was auf stärker fragmentierte Gebiete hindeutet. Der Araukarienwald sticht mit einem Depositionsbestand von 4,28 t/ha hervor. Die Klasse mit dem höchsten Anteil an Streu befindet sich jedoch in dem Gebiet außerhalb des Faxinals, das als Kontrollgebiet eingestuft ist, mit einem Depositionsbestand von 5,82 t/ha. Der Kohlenstoffvorrat in der Streu der Kontrollzone und des Araukarienwaldes ist jedoch gleich groß.

5.5 Gesamtkohlenstoff im Boden

Unter organischer Bodensubstanz (SOM) versteht man (C), das durch die Ablagerung von pflanzlichen und tierischen Abfällen entsteht, die im Laufe der Zeit biotische und abiotische Umwandlungen durchlaufen, gefolgt von einem stabilen Zersetzungsprozess, der als Humus bekannt ist. Dieser Inhalt wird für Pflanzen verfügbar gemacht und das organische kolloidale

System wird zusammen mit der mineralischen Fraktion in der physischen Struktur der Böden freigesetzt (ALVES et al., 2008).

Tabelle 8: Konzentration des gesamten organischen Kohlenstoffs (g/dm^3) in der Tiefe je nach Bodennutzung.

Landnutzung	Bodentiefe (cm)			
	0-10	10-20	20-40	40-60
Weide	21.0±2.7	19.5±4.0	15.1±6.3	9.9±3.0
Unterholz	22.0±3.2	20.6±3.2	14.9±5.3	13.2±5.8
Wälder	23.0±1.0	19.5±1.2	13.8±1.1	6.4±1.3
F. Arauc.	24.1±4.9	22.7±4.4	19.3±3.6	16.3±2.7
Kontrolle	21.9±0.6	18.0±1.1	8.8±1.4	Nr.

Durchschnitt gefolgt von einer Standardabweichung; nr = nicht erfasst. Es gab keinen signifikanten Unterschied im Bestand an

Kohlenstoff zwischen den Verwendungen.

Quelle: Carrilho (2016).

Die Daten wurden anhand der Mittelwerte der Kohlenstoffproben aus den jeweiligen Gebieten analysiert: Weide (Abbildung 18 A), Unterholz, Wald, Araukarienwald und Kontrollgebiet. Beginnen wir mit der Weideklasse (Abbildung 14).

Studien haben gezeigt, dass die Kohlenstoffvorräte in Weidegebieten ähnlich hoch sein können wie in Gebieten mit einheimischer Vegetation.

Die Menge des Kohlenstoffs (C) variiert je nach Art der Nutzung im Brutgebiet. Die Diagramme (B-C) zeigen den durchschnittlichen Kohlenstoffgehalt innerhalb der amotralen Einheit in den Bereichen Understorey und Woodland.

Bei allen Verwendungen nimmt der Kohlenstoffgehalt in der Tiefe ab, was für das Verhalten des Kohlenstoffspeicherprozesses im Boden charakteristisch ist. Mit anderen Worten: In den Oberflächenhorizonten wird mehr Kohlenstoff gespeichert. In den Klassen Unterholz und Wald ist dieser Rückgang des Vorrats in einer Tiefe von (30-60) cm zu beobachten. So konnte ich feststellen, dass der größte Kohlenstoffvorrat in einer Tiefe von (0-30) cm gespeichert wird.

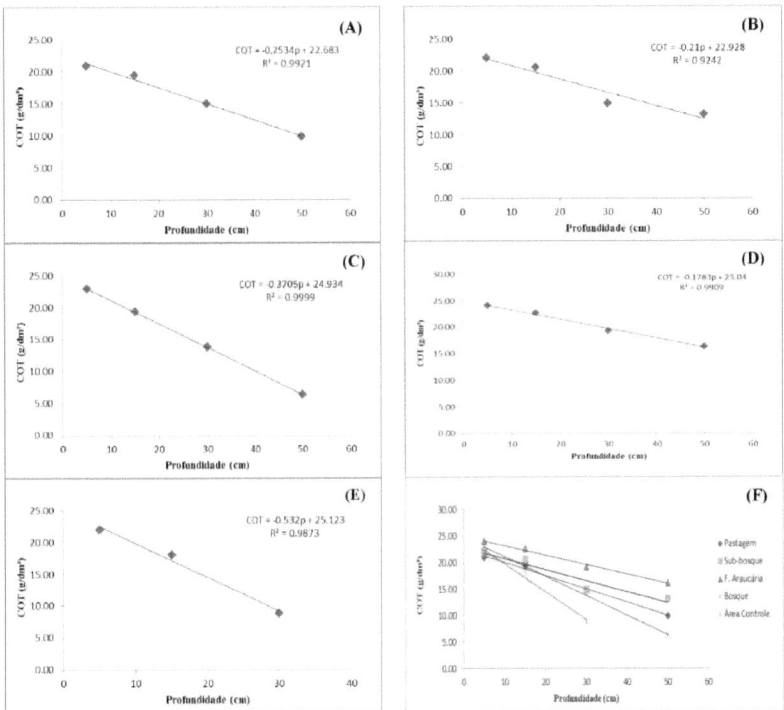

Figura 15: Verhältnis zwischen dem Bodenkohlenstoffbestand in den fünf nach der Tiefe klassifizierten Gebieten.

Org: Carrilho (2016)

Das Verhalten des Kohlenstoffspeicherprozesses im Araukarienwald (D-E), der eine höhere Konzentration des Kohlenstoffbestands aufweist, aber mit zunehmender Tiefe, insbesondere in den obersten Schichten, einen abnehmenden Trend aufweist.

Wir können analysieren, dass die Klassen Araukarienwald, Unterholz und Kontrollgebiet höhere Werte für den Kohlenstoffvorrat im Boden aufweisen. In diesem Sinne verstehen wir, dass diese beiden Klassen uns einen größeren Vorrat in den ersten Schichten des Bodens (10-30) zeigen.

Nach der Betrachtung des Kohlenstoffbestands in jedem isolierten Gebiet zeigt das Diagramm (F) alle Nutzungsbereiche innerhalb des Zuchtgebiets und auch das Kontrollgebiet.

Das Muster der Abnahme in der Tiefe ist in allen Gebieten ähnlich. In einer Tiefe von 50-60 cm ist jedoch ein größerer Abstand zwischen den C-Konzentrationen in den einzelnen Gebieten festzustellen.

Die Theorie der C-Akkumulation im Boden beruht auf Stabilisierungsmechanismen, der

37

Wechselwirkung von organischen Stoffen mit Mineralien und dem Aggregationseffekt (ALVES et al., 2008).

In Waldgebieten ist der Kohlenstoffbestand äußerst wichtig, da die oberirdischen Elemente (Blätter, Äste, Früchte) der Bäume im Laufe der Zeit mit dem Boden interagieren und die Streu verpacken (MAFRA et al., 2008). Dies zeigen die hier vorgestellten Daten, bei denen die Kontrollfläche und der Araukarienwald einen größeren Beitrag der Streu und des Kohlenstoffbestands aufweisen.

1.6 Waldfragmentierung im Faxinal-System

Zu den im Faxinal-System beobachteten Auswirkungen auf die natürliche Umwelt gehören die Fragmentierung der Wälder und die Unterbrechung der natürlichen Vegetation, sowohl durch die natürliche Alterung der Wälder als auch durch anthropogene Eingriffe. Diese Gebiete mit spärlicher Vegetation befinden sich vor allem an den Waldrändern, die stärker exponiert sind und einen höheren Lichteinfall aufweisen.

Diese Rodungen in allen Nutzungsgebieten führen zu einer Zunahme der Erosion, zur Verschlammung von Wasserläufen und zu einer Verringerung der Artenvielfalt. Besonders auffällig ist jedoch der Rückgang der Waldarten in den Bereichen "Wald" und "Unterholz".

Faxinais mit ihren bewirtschafteten Wäldern weisen selbst im Stadium der Sekundärsukzession keine "intakten" Strukturen auf. Aus diesem Grund wurde das Kontrollgebiet außerhalb des Faxinals gewählt, um die Merkmale der Arten innerhalb und außerhalb des Brutgebietes zu vergleichen.

Durch die ethnobotanische Untersuchung können wir die Merkmale des Kontrollgebiets beobachten, wo die Stichprobeneinheit eine größere Anzahl und Vielfalt von Arten im Vergleich zu den drei (3) Waldklassen innerhalb des Zuchtgebiets aufwies.

Die Mittelwerte der Streuproben zeigen einen positiven Aspekt der Situation in den Faxinais, mit einer Tendenz zur Reduzierung der Arten im Unterholz und dem Fehlen von Streu im Vergleich zu anderen Faxinais in der südlichen Zentralregion. Der Unterboden wies jedoch eine höhere Artenzahl auf als der Waldbereich, was angesichts des Prozesses der Waldfragmentierung von Bedeutung ist.

So wies der Araukarienwald in der Baumschule einen Streubestand auf, der nahe an den Werten der Kontrollfläche lag, wo die Streuablagerung größer ist. Der *Araukarienwald weist* innerhalb der Stichprobeneinheit eine gewisse Besonderheit auf, mit einem geringen Vorkommen der Paranà-Kiefer und zahlreichen Bäumen der Guaçatunga-Art (*Casearia syvestris*), die im Grunde überall in der Stichprobeneinheit vorkommen.

Die Pflanzenproduktivität wird von den Niederschlägen und der Temperatur bestimmt, die für den Prozess der Produktion und Ablagerung von organischem Material entscheidend sind (GONZALEZ, 19984).

Im Fall des Faxinals hat der Wald eine größere Strömung und Anwesenheit von Tieren mit größerer Verdichtung und Bewirtschaftung des Brennholzeinschlags und der Beweidung, wo diese spärlichen Flächen zu einer geringeren Anzahl von Bäumen und folglich zu einer geringeren Ablagerung und einem geringeren Kohlenstoffbestand in der Streu führen werden.

In der Literatur über die Waldfragmentierung in einem Faxinal-System wird von einer geringen Biomasseproduktion und einer reduzierten Vielfalt gesprochen (THOMAZ und ANTONELLI, 2015). Dies wird durch die Nutzung und Bewirtschaftung verursacht, in diesem Fall durch anthropogene Eingriffe und den Zustrom von Tieren, die den Prozess des Nachwachsens beeinträchtigen und die Regeneration des Waldes verringern. Im Faxinal Paranà Anta Gorda ist das Gegenteil der Fall, da die Nutzung und Bewirtschaftung in den Waldgebieten stärker wirkt.

1.7 Beziehung zwischen Streubestand und Gesamtkohlenstoff im Boden

Der Prozess der Reduzierung der Streu wirkt sich direkt auf den Boden aus und beeinträchtigt seine Zusammensetzung und Struktur. Dieses Verhältnis zwischen Laubstreu und organischem Kohlenstoff ist in allen Nutzungsgebieten in einer Tiefe von 40 bis 60 cm unterschiedlich, da die Böden in der natürlichen Umgebung in der Regel mürbe und durchlässige Strukturen aufweisen und folglich im Araukarienwald und in der Kontrollzone in einer Anfangstiefe von 0 bis 30 cm einen höheren organischen Gehalt haben.

Der TOC nahm in allen Bereichen des Faxinals und auch im Kontrollbereich mit der Tiefe ab. So wurde aus der Synthese aller Landnutzungen eine empirische Gleichung abgeleitet, die 96 % der Variation des Bodenkohlenstoffs in Abhängigkeit von der Tiefe erklärt: $TOC = -0,2527P + 23,383$ ($R^2 = 0,9633$, $p = 0,01$). Dabei steht TOC für den gesamten organischen Kohlenstoff und P für die Tiefe in cm.

Dieser Rückgang des Kohlenstoffbestands in den tieferen Schichten deutet auf eine Schichtung in den oberen und unteren Schichten der Böden hin (SA und LAL, 2008).

Der rückläufige Trend des organischen Kohlenstoffs im Boden in den Gebieten des Faxinalsystems weist auf Böden mit geringer Störung und Stabilität hin, die eine höhere Kohlenstoffkonzentration in den Oberflächenschichten aufweisen.

In Wäldern sammelt sich viel Biomasse am Boden an, und diese tote Biomasse wird als Streu bezeichnet. Diese besteht aus Blättern, Zweigen, Blüten, Früchten und anderem Material, das im Oberboden gespeichert wird.

In Faxinal Paranà Anta Gorda zeigten die Aufsammlungen, die in den verschiedenen Monaten zwischen Winter (August) und Sommer (Dezember) durchgeführt wurden, einen unterschiedlichen Beitrag. Die zwischen November und Dezember durchgeführten Aufsammlungen zeigten eine größere Anhäufung von organischem Material, hauptsächlich Blätter und Zweige.

Die Streudaten zeigten, dass die Gebiete mit der höchsten Streuablagerung die Araukarien-Waldklassen und der Außenbereich (Kontrollgebiet) waren. Auf diese Weise wird der Beitrag durch die Mengen an Rückständen aus dem oberirdischen Teil beeinflusst, die in der Oberflächenschicht abgelagert werden und die Streu bilden (CORREIA et al., 2008). In dieser Studie hatte die Variation der Menge an Blattstreu jedoch keinen direkten Einfluss auf den Kohlenstoffbestand des Bodens.

Der Beitrag der Laubstreu kann in der Literatur variieren; einige Studien berücksichtigen nur die Blätter, andere beziehen dünne Zweige, Rinde und anderes Material mit ein. In dieser Studie wurden das gesamte Blattmaterial, feine Zweige, Rinde und Früchte gesammelt. Im Feld konnten die Merkmale des stärkeren oder schwächeren Vorkommens dieser Varianten bewertet werden. In Gebieten mit einem größeren Tieraufkommen war ein größeres Vorkommen von Rinde und feinen Zweigen zu verzeichnen, was auf den Eingriff aus der Luft und die spärliche Ablagerung der Arten mit Weidefragmenten zurückzuführen ist. In den Klassen "Araukarienwald" und "Kontrollgebiet" waren die Blätter, einige Früchte und viel Rinde von Arten im fortgeschrittenen Stadium stark vertreten. In dem Gebiet gibt es keinen Tierverkehr, da es sich um eine isolierte Stelle innerhalb eines Privatgrundstücks handelt, die jedoch an das Faxinal-Brutgebiet angrenzt.

> Durch die Zersetzung dieser Schicht kann ein Teil des durch die Photosynthese in die Biomasse aufgenommenen Kohlenstoffs als CO^2 in die Atmosphäre zurückkehren und die anderen aufgenommenen Elemente von den Pflanzen wiederverwendet werden (CORREIA et al., 2008).

Dieser Prozess des Streuabbaus wirkt sich direkt auf den Boden aus und beeinträchtigt die Bodenzusammensetzung und -struktur. In Waldumgebungen wie den Klassen Araukarienwald und Kontrollgebiet weisen die Oberflächenschichten des Bodens eine brüchigere, durchlässigere Struktur und einen höheren organischen Gehalt auf.

Die Wechselwirkung zwischen Streu und organischem Kohlenstoff durch die vorgelegten Daten über Streu und organischen Beitrag in den Faxinal- und Kontrollflächen zeigt Unterschiede im Kohlenstoff zwischen den Nutzungsklassen nur in einer Tiefe von 40-60 cm. Der größte Bestand tritt in den Klassen Araukarienwald und Kontrollfläche in der Anfangstiefe von 0 bis 30 cm auf. Der TOC nimmt bei allen Nutzungen mit zunehmender Tiefe tendenziell ab.

Die Verringerung der Kohlenstoffkonzentration und des Kohlenstoffbestands in den tieferen Schichten ist ein Hinweis auf die Schichtung zwischen den ober- und unterirdischen Schichten des

Bodens (SA et al., 2008). Die Zugabe von organischem Material zersetzt und reichert die Oberfläche von 0-10 cm an. Durch diese Anreicherung bleiben die Struktur und die Qualität des Bodens im Faxinal-System erhalten.

Die Tendenz, mit der Tiefe abzunehmen, hängt mit der Bewirtschaftung, der natürlichen Umwandlung in ein Agrarökosystem, der Veränderung des Gleichgewichtszustands, dem hydrothermalen Regime, der Verringerung der organischen Substanz und der Biodiversität zusammen (SA et al., 2008).

Dies ist im Faxinal der Fall und unterscheidet sich von Gebieten, die durch landwirtschaftliche Plantagen bewirtschaftet werden, in denen, möglicherweise im Faxinal, das Fehlen von Erosion, mechanischer Tätigkeit und die Nichtexposition des Oberbodens zu einer größeren Konservierung und Erhaltung des TOC über einen langen Zeitraum führt. Mit anderen Worten: Das System ist widerstandsfähiger gegenüber den Belastungen, denen es ausgesetzt ist. Denn auch bei Nutzungen mit geringerer Streuablagerung war die Kohlenstoffmenge im Boden ähnlich hoch. Die Tatsache, dass der Streufall zurückgegangen ist, hat also bisher nicht unbedingt zu einer Verringerung des Kohlenstoffs im Boden geführt. Daher erwies sich die einfache Korrelation zwischen dem Bestand an Streu auf dem Boden nicht als guter Schätzer für den Bodenkohlenstoff.

6. Schlussfolgerung

Die ethnobotanische Quantifizierung und Klassifizierung erwies sich als positiv für die Beurteilung des tatsächlichen Zustands des Waldes, der vorhandenen Arten und der Arten, die für den Prozess der Streuablagerung und -speicherung repräsentativ sind. Die Entscheidung, die Studie zur Artenbestimmung mit ethnobotanischen Methoden durchzuführen, war wichtig, um das empirisch-wissenschaftliche Wissen über Waldgebiete zu ergänzen, die keine intakten Strukturen aufweisen und die durch Nutzung und Bewirtschaftung in den Faxinalgebieten zu einem Entwicklungsprozess in der Landschaft führen. Die Waldfragmentierung ist für Studien über agroforstwirtschaftliche Systeme von großer Bedeutung, da sie zeigt, dass in lichten Gebieten der Boden stärker exponiert ist, was die Erosion und die Verschlammung der Wasserläufe innerhalb des Betriebs verstärkt.

Im gesamten Faxinal sind sowohl natürliche als auch durch den Menschen verursachte Veränderungen zu erkennen. In seiner Waldstruktur gibt es jedoch erhaltene Bereiche mit dichter Vegetation.

Der Prozess der Streuablagerung in den Sekundärwaldklassen zeigt, dass selbst in einem einzigen Waldkompartiment Niederschlag und Temperatur bei der Ablagerung von Blättern und der Anreicherung von organischem Material im Boden zusammenwirken und Unterschiede aufweisen können. Diese Nähe der Kohlenstoffspeicherung in der Streu tritt nicht nur aufgrund der Anzahl der Arten auf, sondern auch aufgrund anderer bestimmender Faktoren. Selbst stärker bewirtschaftete, fragmentierte Gebiete mit größeren Entfernungen, wie das Unterholz, in dem die Bäume aufgrund des fehlenden Nachwachsens durch den Zustrom und die Fütterung von Tieren zur Überalterung neigen, hatten einen größeren Beitrag an Kohlenstoff in der Streu als der Wald. Mit anderen Worten: eine besondere Realität im Vergleich zur Geschichte der anderen Faxinais in der Region Centre-South.

Die Variabilität der Wälder ist einer der bestimmenden Faktoren im Prozess der Streuablagerung, und die Bedingungen der Umwelt sind heterogen, so dass es immer Unterschiede in der Streu innerhalb des Faxinals geben wird, und die Zufallspunkte ermöglichten es, diese Unterschiede zu zeigen, nicht nur wegen der Sammlungen in verschiedenen Bereichen, sondern auch wegen der Vielfalt der Arten, die in jeder Nutzung gefunden wurden.

Die Bewertung des Einflusses des Streufalls in verschiedenen Waldfragmenten als Konditionierungsfaktor für den Kohlenstoffvorrat im Boden war nicht zufriedenstellend, da Waldfragmente wie Unterholz und Waldland dreieinhalb Mal weniger Streufallvorrat aufwiesen, aber die gleiche Menge an organischem Kohlenstoff im Boden hatten, wenn man sie mit der Nutzung von Araukarienwald und der Kontrollfläche verglich.

Der TOC nimmt in den unteren Schichten des Bodens ab, aber der Bestand an organischem Kohlenstoff ist in den ersten Tiefen von 0-30 cm höher. Es gab Ähnlichkeiten in allen Bereichen der Nutzung.

Auf diese Weise könnten andere Wechselbeziehungen bei den bewerteten Nutzungen für die Erhaltung des Kohlenstoffs im Boden wichtig gewesen sein, unabhängig von der Verringerung des Streufalls. In diesem Fall könnte die Tatsache, dass der Oberboden nicht den Niederschlägen und der Erosion ausgesetzt wurde, den Bestand an organischem Kohlenstoff in den Faxinal-Böden erhalten haben. Daher ist das System trotz der Fragmentierung des Waldes und der Verringerung des Streufalls resistent gegen den Abbau des organischen Kohlenstoffs im Boden.

7. REFERENZEN

ALBUQUERQUE, J. M. de; WATZLAWICK, L. F. Phytosoziologische Charakterisierung der Vegetation des Faxinal Marmeleiro de Cima im Gemeindegebiet von Rebouças - Paranà. **Revista Eletrônica de Biologia**, v. 5, n. 1, p.100-128, 2012. Verfügbar unter: <revistas.pucsp.br/index.php/reb/article/view/3326>. Abgerufen am: 29. Juni 2016.

ALBUQUERQUE, J. M.; WATZLAWICK, L. F; MESQUITA, N. S. Effects of faxinal use on floristics and structure in two areas of mixed ombrophilous forest in the municipality of Rebouças, PR. **Ciência Florestal**, Santa Maria, v. 21, n. 2, p. 323-334, Apr./Jun.2011.

ANDRADE, D. F. **Statistik für die Agrar- und Biowissenschaften: mit Begriffen des Experimentierens**. 3 ed. Florianópoli: Ed da UFSC, 2013.

ANTONELLI, V.; BEDNARZ, J. A. Bodenerosion beim Anbau von Tabak (*nicotina tabacun*) auf einem kleinen ländlichen Grundstück in der Gemeinde Irati Paranà. **Caminhos de Geografia**, Uberlândia, v. 11, n. 36, p. 150-167. Dez. 2010.

ANTONELLI, V.; THOMAZ, E. L. Leaf litter production in a fragment of mixed ombrophilous forest with a faxinal system. Soc. & Nat., Uberlândia, ano 24 n. 3, 489-504, sep/dez. 2012

ARAÙJO, R. Litter and nutrient inputs to the soil in three revegetation models in the Poço das Antas Biological Reserve, Silva Jardim, RJ. **Floresta e Ambiente**, Rio de Janeiro, v. 12, n. 2, p. 15-21, nov./dez. 2006.

AREVALO, L.A.; ALEGRE, J. C.; VILCAHUAMAN, L. J. M. **Methodology for estimating carbon stocks in different land use systems**. Dokument 73. Colombo: EMBRAPA Florestas, 2002.

BRAY, J. R.; GORHAM E. Litter production in forests of the world. **Advances in Ecological Research**. n. 2, S. 101-157, 1964.

CHANG. M.Y. Das **Faxinal-System**: eine Form der bäuerlichen Organisation im Zerfall in Süd-Zentral-Paranà. Londrina: IAPAR, 1988.

DORAN, J. W.; ZEISS, Michael R. Soil health and sustainability: managing the biotic component of soil quality. **Applied Soil Ecology**. v. 15, S. 3-11, 2000.

EMBRAPA. Handbuch der Bodenanalysemethoden. 2. **rev. atual**. Rio de Janeiro, 1997.at:

<http://www.agencia.cnptia.embrapa.br/Repositorio/Manual+de+Metodos_000fzvhotqk 02wx5ok0q43a0ram31wtr.pdf>. Abgerufen am: 09. Juni 2015.

ESCORIZA, R. N. et al. Methods for collecting and analysing litter applied to nutrient cycling.

Floresta e Ambiente, Rio de Janeiro, v. 2, n. 2, S. 1-18, 2012.

FERNANDES, F. et al. **Protocol for quantifying soil carbon stocks from the Pecus research network**. Sao Carlos, SP: Embrapa Pecuària Sudeste, 2014. Verfügbar unter .   at:

    <https://www.embrapa.br/busca-de-publicacoes/-   /publicacao/1006926/protocolo-para-quantificacao-dos-estocks-de-carbono-do-solo- da-rede-de-pesquisa-pecus>. Abgerufen am: 23. März 2016.

FIGUEIREDO FILHO, A. et al. Seasonal litter production in a mixed ombrophilous forest in the Irati National Forest (PR). **Ambiência**, Guarapuava, v.1, n. 2, 2003.

FLORIANI, N. et al. Hybride Modelle der Landwirtschaft in einem Faxinal in Paraná: Zusammenfluss von Vorstellungen und Wissen über Landschaften. **Geografia**, Rio Claro, v. 36, S. 221-236, 2011.

FRANZLUBBERS, A. J.; HANEY, Richard L. Assessing soil quality in organic agriculture. **The Organic   Centre**,   2016.   Verfügbar   unter: <https://organic-centre.org/reportfiles/SoilQualityReport.pdf>. Abgerufen am: 23. März 2016.

FREITAS, A. R.; ANTONELI, Valdemir. Kartierung von Landnutzung und dauerhaften Schutzgebieten (APPS) in Faxinal Anta Gorda, Prudentópolis - PR. **Rev. GEOMAE**. Campo Mourao, PR. v. 3, n. 2, p. 35-48, 2012.

GANDOLFI, S. Waldsukzession und brasilianische Wälder: Konzepte und Probleme. **Ecological Society   of   Brazil**,   [s.i],   2007.   Verfügbar   unter: <   http://www.seb-ecologia.org.br/viiiceb/palestrantes/Sergius.pdf>. Abgerufen am 15. Feb. 2016.

GONÇALVES, D. R. P. **Carbon spatialisation and its relationship with crop productivity in soils under long-term no-tillage**. Dissertation (Master-Abschluss in Agronomie), Staatliche Universität Ponta Grossa, Ponta Grossa, 2014.

GONÇALVES, D. R. P. et al. Carbon accumulation trends observed in different soil systems in a faxinal community. **Synergismus scyentifica UTFPR**, Pato Branco, n. 9, S. 1-5, 2014.

LOWEN SAHR, C. L.; CUNHA, L. A. G. O significado social e ecológico dos Faxinais: Reflexoes acerca de uma política agrària sustentâvel para a regiao da mata com araucària no Paranà. **Emancipaçâo**, Ponta Grossa, v. 5, n. 1, S. 89-104, 2005.

MARTINS, L.; CAVARARO, R. (Org.). **Technisches Handbuch der brasilianischen Vegetation**: Phytogeographisches System, Inventar von Wald- und Graslandformationen, Techniken und Verwaltung botanischer Sammlungen, Kartierungsverfahren. Rio de Janeiro: IBGE, 2012.

NAKAMURA, H. **Entschließung Nr. 72/97**. Curitiba: SEMA, 1997. Verfügbar unter: <

http://www.iap.pr.gov.br/arquivos/File/Legislacao_ambiental/Legislacao_estadual/RES
OLUCOES/RESOLUCAO_SEMA_FAXINAL_Linha_Parana_ANTA_GORDA.pdf>. Abgerufen
am: 27. Juni 2016.

NERONE, M. M. **Sistema Faxinal: terra de** plantar, terra de criar. Editora UEPG, [s.i], 2015.

ROQUIM, C. C. **Concepts of soil fertility and appropriate management for tropical regions.**
Campinas: Embrapa Satellite Monitoring, 2010.

SA, j. C. M. et al. Soil-Specific Inventories of Landscape Carbon and Nitrogen Stocks under No-
Till and Native Vegetation to Estimate Carbon Offset in a Subtropical Ecosystem. **Soil Science
Society of America Journal, [s.i], 2013**

SANTOS, G.A. & Camargo, F.A.O. (Eds). Grundlagen der organischen Bodensubstanz: tropische
und subtropische Ökosysteme. 2 ed. **Revista Atual**, Porto Alegre: Metrópoles, 2008

STRACHULSKI, J. **Ethno-ökologischer Ansatz für die Beziehungen zwischen Boden und
Pflanze in Bezug auf die Eigenschaften des Teilsystems "terra de plantar" in Faxinal Taquari
dos Ribeiros**. Rio Azul-PR. Kursabschlussarbeit (Diplom in Geographie) - Staatliche Universität
Ponta Grossa, Ponta Grossa, 2011.

STRUMINSKI, E.; STRACHULSKI, J. A review of concepts about forests in faxinais based on a
phytogeographic approach. **Terr@Plural**, Ponta Grossa, v.6, n.1, p. 55-77, jan./jun. 2012.

SILVEIRA, P. et al. The state of the art in estimating biomass and carbon in forest formations.
Floresta, Curitiba, v. 38, 2007.

SILVEIRA, P. et al. THE STATE OF THE ART IN THE ESTIMATION OF BIOMASS AND
CARBON IN FOREST FORMATIONS. **FLORESTA,** Curitiba, PR, v. 38, n. 1, jan./mar. 2008.

SOUZA, R. M. **Mapeamento Social dos Faxinais no Paranâ**. 2009. Verfügbar unter:
<http://*www2.mp.pr.gov.br/direitoshumanos/isad_fax_art01.php*>. Abgerufen am: 21. September
2015.

SILVA, J. M. et al. **GEOMORPHOLOGIE, GEOLOGIE UND TOURISMUS IN DER
GEMEINDE PRUDENTÓPOLIS, PR.** 2006. Verfügbar unter:
<http://www.labogef.iesa.ufg.br/links/sinageo/articles/524.pdf>. Abgerufen am: 6. Oktober 2006.

TAVARES, L. A. Campesinato e os faxinais no Paranà: as terras de uso comum, Dissertation (PhD
in Geographie), Universität von Sao Paulo, Sao Paulo, 2008

TOLEDO, V. M.; BARREIRA-BASSOLS, N. Ethnoecology: a post-normal science that studies
traditional wisdoms. **Desenvolvimento e Meio Ambiente,** UFPR, Curitiba, n. 20, S. 31-45,
Jul./Dez. 2009.

46

THOMAZ, E. L. Faxinal System: Forschung bei UNICENTRO und Perspektiven für Umweltstudien. Terr@Plural, Ponta Grossa, v.5, n.2, p.199-212, jul./dez. 2011.

THOMAZ, E.L., Antoneli, V., 2015. RAIN INTERCEPTION IN A SECONDARY FRAGMENT OF ARAUCARIA FOREST WITH FAXINAL, GUARAPUAVA-PR. CERNE 21, 363-369.

TONINI, H.; ARCO-VERDE, M. F.; SA, S. P. P. de. Dendrometrie einheimischer Arten in homogenen Plantagen im Staat Roraima - Andiroba (Carapa guianensis Aubl), Castanha-do-Brasil (Bertholletia excelsa Bonpl.), Ipê-roxo (Tabebuia avellanedae Lorentz ex Griseb) und Jatobà (Hymenaea courbaril L.). **Acta Amazônica**, v. 35, n.3, S. 353-362, 2005.

VEZZANI, F. M.; MIEL NICZUK, J. Ein Blick auf die Bodenqualität. Rev. **Bras. Ci. Solo**, Curitiba, v. 33, S. 743-755, 2009.

VIANA, J. H. M.; ZANATTA, A. J.; PULROLNIK, K. **Protocol for assessing soil carbon and nitrogen stocks in forestry systems**: Status Project. Colombo: EmbrapaFlorestas , 2015.
    Available at:

https://www.embrapa.br/florestas/busca-de-publicacoes/- /publicação/1023672/protocolo-para-avaliação-do-estoque-de-carbono-e-de-nitrogeno-do-solo-em-sistemas-forestais---projeto-saltus>. Abgerufen am 25. Oktober 2015.

WALKLEY, A; BLACK, I. A. An examination of the degtjareff method for determining organic carbon in soils: Auswirkung von Variationen in den Aufschlussbedingungen und von anorganischen Bodenbestandteilen. Soil Science, v. 63, S. 251-263, 1934

Printed by Books on Demand GmbH, Norderstedt / Germany